江苏高校优势学科建设工程资助项目

画的景观

绘图视角下的景观设计史

（韩）李明准 著

云嘉燕 译

东南大学出版社
SOUTHEAST UNIVERSITY PRESS
·南京·

图书在版编目（CIP）数据

画的景观：绘图视角下的景观设计史／（韩）李明準著；云嘉燕译．-- 南京：东南大学出版社，2022.11
　　ISBN 978-7-5766-0259-3

Ⅰ.①画… Ⅱ.①李… ②云… Ⅲ.①园林设计－景观设计－建筑史－世界－图解 Ⅳ.① TU986.2-091

中国版本图书馆 CIP 数据核字（2022）第 191093 号

责任编辑：朱震霞　　责任校对：子雪莲　　封面设计：Yoon Ju-Yeol,毕真　　责任印制：周荣虎

画的景观：绘图视角下的景观设计史

Hua de Jingguan: Huitu Shijiao xia de Jingguan Shejishi

作　　者：（韩）李明準　云嘉燕
出版发行：东南大学出版社
社　　址：南京市四牌楼2号　　邮编：210096　　电话：025-83793330
网　　址：http://www.seupress.com
电子邮箱：press@seupress.com
经　　销：全国各地新华书店
印　　刷：南京新世纪联盟印务有限公司
开　　本：787 mm×1092 mm　1/16
印　　张：12
字　　数：310千字
版　　次：2022年11月第1版
印　　次：2022年11月第1次印刷
书　　号：ISBN 978-7-5766-0259-3
定　　价：82.00元

本社图书若有印装质量问题,请直接与营销部联系。电话：025-83791830。

作 者 简 介

李明準

이명준，Lee Myeong-Jun

出生于韩国全州。

首尔大学风景园林专业学士、硕士、博士。

现任韩国韩京大学植物资源与风景园林学院风景园林系助理教授。

说　明

本书以作者李明準的博士论文

A Historical Critique on "Photo-fake" Digital Representation

in Landscape Architectural Drawing（首尔大学，2017 年）

和以下系列研究论文为基础写成。

系列论文

李明準 , 裴廷漢 , "Photo-fake Conditions of Digital Landscape Representation",
　　Visual Communication 17(1), 2018, pp.3–23;

李明準 , "조경 설계에서 디지털 드로잉의 기능과 역할",『한국조경학회
　　지』46(2), 2018, pp.1–13;

李明準 , "조경 설계에서 손 드로잉 유형의 역사적 변천과 혼성화" ,『한국조
　　경학회지』45(5), 2017, pp.71–86;

李明準 , "제임스 코너의 재현 이론과 실천 : 조경드로잉의 특성과 역할" ,『한
　　국조경학회지』45(4), 2017, pp.118–130;

李明準 , 裴廷漢 , "18–19 세기 정원 예술에서 현대적 시각성의 등장과 반영 :
　　픽처레스크 미학과 험프리 렙턴의 시각 매체를 중심으로" ,『한국조경학
　　회지』43(2), 2015, pp.30–39.

序一

　　这是一本很有趣的书，其中一部分探讨了景观设计中使用的多种技术。如今的景观设计作品中，更多地使用各种计算机语言，包括参数化设计和模拟技术，这超越了由奥姆斯特德设计的中央公园所主导的田园牧歌式的如画景观样式，开创出了一种新的设计美学和风格。这本书认真探讨了先进绘图技术应该如何在设计中被合理使用，从而能够达到实现富含创意的景观设计的目的。作者李明準老师逐一从景观设计的历史风格，即"如画的风景（picturesque）"设计美学，谈论到现今被渲染过的景观设计效果图所体现的写实主义风格，并对这种写实图像进行了评价，由此提出了一种可以适用于当代乃至未来景观设计的较为理想的绘图技术使用方向。这本书的有趣之处，在于它探讨了计算机技术在景观设计中应用的早期历史。通过这样的探索发现，景观设计师一般只将绘图技术作为一种工具，而不是作为激活设计创意的媒介。对于景观设计从业者或是对景观设计感兴趣的人来说，它既是一本了解西方景观设计历史的入门书，同时也是一本关于景观设计理论的书籍，探讨了未来景观设计应当如何使用绘图技术的基本态度。

书的译者云嘉燕老师，作为青年教师，能够将自己教授景观设计基础课程的经验，结合翻译海外最新出版的相关著作来做深入探讨和研究，值得嘉奖。作为她做在职博士后的导师，我们相互之间有较多研究合作和交流，云老师对待教学和科研工作的态度十分认真踏实。很高兴她请我来为译著写序言，希望她今后能够多多致力于跨国学术及教学交流，将国外优秀的新作品和信息引进中国，同时也将中国的新理念传播至海外，为促进中国风景园林专业的壮大与发展做更多贡献。

王浩

南京林业大学风景园林学院教授

2022 年 10 月 30 日

序二

    2022 年，是创建风景园林这一专业领域的弗雷德里克·劳·奥姆斯特德诞辰 200 周年。风景园林抑或景观学、景观设计，其内涵即将我们周围的景观变得合理且美观的行为，这本书力图在景观绘图中寻找到这种景观设计行为的精髓。风景园林专业是科学工具性和艺术想象力这两个特征的融合，基于此，该书以有趣的方式追溯了景观绘图从过去到现在的变化过程。从 16 世纪意大利时期的园林设计被公认为一门艺术，到 17 世纪的法国古典主义园林和 18 世纪的英国自然风景园，乃至 19 世纪美国由奥姆斯特德设计的中央公园，至 20 世纪涌现的美国现代主义景观设计师，及 20 世纪后半叶出现的科学生态规划和艺术设计图绘，作者从景观表现的视角对景观图绘进行了饶有趣味的解读，因此这本书也可以被视为了解西方景观设计史的有趣读本。此外，作者还对未来的景观设计师提出期许，希望景观图绘及其技术可以成为创造富含创意的景观设计的道具，在揭示当代景观图绘的现存问题、展望未来方向的同时，梳理出过往与现今景观图绘之间的关联。作者在书中不断尝试与过去、现在和未来的景观设计师进行对话与交流。

作为作者李明準老师的硕士和博士学位论文评审委员，看着他一步步走到现在。他是一位非常优秀又认真的景观设计历史与理论领域的研究者，他以批判性的眼光指出当代景观设计中存在的问题，观点新颖、思维敏锐。书的译者云嘉燕老师，是我的学生，她是一位非常有能力、又十分勤奋敏慧的研究者，她善于从人文社会视角研究景观设计的历史与理论。由我指导的她的博士论文，从社会文化视角解读了中国的景观设计史，非常出色。她最近也不断运用新颖视角开展探索，并进行了一系列有深度的研究。希望她能够一如既往地专注与认真，我对她充满期待。

赵耕真（조경진），Zoh Kyung-Jin

首尔大学环境研究研究生院院长，风景园林系教授

韩国造景学会会长，IFLA 韩国代表

2022 年 10 月 30 日

序三

　　与景观对应的英文"landscape"，不仅指物理属性的自然景观，也指绘制自然景观的图画。换言之，景观既是自然，也意味着自然的视觉性再现。因此，作为景观设计行为的环境营造，与被称为"再现（representation）"的西方美学主题关联密切。作者李明準通过景观图绘研究了"再现"这一主题，深度探究了在现实景观空间设计中必不可少的图绘的实际意涵，即探寻设计师脑海中浮现的设计创意通过手绘来进行视觉化再现的行为，在景观设计中、以及我们的现实世界中，究竟具有怎样的意义。作者将对于"再现"探究的研究重心聚焦于植物的表现上。到目前为止，景观设计仍然被多数人认为是运用植物素材来美化建筑外部的从属角色。作者通过探究景观绘图历史中不断演化的建筑和植物再现技法，出色地诠释了建筑和植物这两个领域的制图特征和相互关联的历史变化；进而论述了由"再现"引发的现代景观设计中以计算机作图为主的景观制图的绘画性。作者针对过去 20 年间一直延续的由计算机软件绘制、如同真实照片的景观图像的写实主义倾向，提出了"photo-fake（照片假象）"这一专门术语。在书中，他在过去和现今自由跨越，并涉及美术史、美学、哲学、景观设计、建筑、城市等不同学术领域。

我从李明準本科时代就开始教他，作为他硕士论文和博士论文的指导老师，长期关注他的学术研究。在硕士论文中，他将后工业景观的公园化解读为一种被称为"崇高（sublime）"的景观美学；在博士论文中，他着手研究景观图绘，关注景观设计本身，并提出实践性策略。《画的景观》精彩而独到，为他的学术之旅增光添彩。

裵廷漢（배정한），Pae Jeong-Hann

首尔大学风景园林系教授

《环境与造景》主编

2022 年 10 月 30 日

中文版作者言

　　我很高兴能在中国出版《画的景观：绘图视角下的景观设计史》这本书的第一个译本。本书是以我的博士论文和研究论文的内容为基础，对2019年一年期间我在《环境与造景》（『환경과조경』）杂志上连载了12个月的文章进行修改后写成的。最后三个月的连载手稿完成于我在中国河北讲课期间。

　　本书探讨了景观设计过程中产生的各类视觉图像的过去、现在和未来。虽然主要讲的是西方的历史案例，但在景观设计中，用手和电脑"画"出设计师脑海中浮现的想法，是一个极其必然的过程，不仅在西方，在其他国家都是如此。通过这本书，我在与读者一起回顾景观绘图的历史的同时，试图批判性地审视景观绘图的现状，并设想一个美好的未来。我们谈论使用最新技术的景观绘图，就好像它看起来是来自某个地方的彗星那样新奇，但正如本书中所解释的，我们今天使用的绘图技术在某种程度上起源于过去的绘画。现在我们正在经历一个灿烂的数字社会时代，我们回顾尘封的历史是为了检验现在和过去的关系，而不是庆祝景观的黄金时代，或是传递景观的现在和未来，且它们也会很快成为过去的设计。此外，希望本书能在东亚景观设计兴起的背景下，对东亚景观设计史和当代景观设计的后续研究有所启发。

感谢南京林业大学风景园林学院云嘉燕老师为翻译本书付出的巨大努力。我和云老师在首尔大学一起攻读研究生课程，此后一直有学术上的交流。在中国任教期间，我抽空游览了苏州园林，并在南京停留，与嘉燕老师一起踱步在南京林业大学校园内：深秋的大学宿舍和图书馆沉浸在落日余晖中，踩上去沙沙作响的落叶……随后去了东南大学，夜幕降临，灯火勾勒出校园的轮廓，那日校园内安宁静谧的氛围我至今记忆犹新。

最后，向负责出版工作的东南大学出版社的编辑和设计人员表示衷心的感谢。

祈祷 COVID-19 疫情能够早日结束。

李明準，写于韩国

中文版译者言

　　本书的作者李明凖老师，是我的学长。学生时代对于学长的印象，仍有几帧画面鲜活于记忆中。那是一个日光很好的午后，头昏沉沉的我慢慢走出图书馆，看见逆光中有人向我挥手，是明凖学长，带着温和的笑容，向我简单地问候；嘈杂的小面馆，刚点完餐，一回头便看见了已经吃完正要往外走的明凖学长，也是温和的笑容，相互打气问候；去圣彼得堡参加学术会议，回程时恰巧与明凖学长坐同一班机，从机场大巴下车后，学长坚持要把我领到认识的路后才折回，依然是温和的笑容，挥手道别。2019年，学长调研中国江南古典园林的最后一程来到了南京，特地来看看工作两年的我，深秋傍晚的老门东，一同谈天说地，说着现在教的学生、讲授的课程和繁忙琐碎日常中的喜乐悲欢……最后，学长带着温和的笑容，道别南京。

2021 年，收到了李明準老师从首尔寄来的新书。很欢喜，快速翻阅内容后细细研读了一番，发现书中内容与我参加工作后教的最多的一门课"园林设计初步"的相关内容能够很好地对接上，于是便萌生了翻译这本书的念头。来南京林业大学工作后，教过不同专业、不同年级形形色色的学生。有风景园林学院的园林专业和风景园林专业的一年级学生，他们大多学过专业制图，抄绘过平面图、剖立面图，能够很快速地掌握课程的专业内容。另外也有三年级的转专业学生，在上这门课之前他们已经上过多门园林规划设计课程，"园林设计初步"作为必修课，他们必须修满这门课的学分，于是在已经有了一定园林设计实践的基础上，再来学习这门设计的初级课程，无论是图纸的绘制、测绘，还是小场地的设计，他们都做得非常标准，训练有素。

　　但让我印象深刻的是我教过的两届林学院园艺系的学生，"园林设计初步"这门课是他们的一门必修课，但他们没有任何制图经验，也并未学过"专业制图""素描"等基础课程，也就是说他们是在零基础的状态下来学习这门课的。当时这给我的教学工作带来了很大的困难，我必须一边讲解课程内容，一边教他们制图基础。通过平立剖面图绘制技能的简要讲授和抄绘，学生们能很快速地学会绘制这些图。但他们对透视图的绘制很犯难，由于从未学过素描，也没有任何绘画经验，他们告诉我不知道要如何才能把眼睛看到的景观画在纸上，更别说要把还没建成的景观通过想象并用三维透视图的形式画出来。于是，我便让他们尝试着先做模型，做完模型后拍照片，再照着照片画画看。结果让我很惊讶，他们可以照着照片画出较为标准的三维透视图。而学长的这本书中也谈到了相关内容，欣喜之余，也让我对自己从学生时代至今基本上每天都会接触到的平面图、剖立面图、透视图等的绘制方式和绘制传统生出了一些反思——这些绘图方式是何时产生的？为什么要这么绘制呢？

我入职第一年的时候，教过"园林规划设计 1"这门课，其中有一个板块是行道树设计。我教的是风景园林专业的二年级学生，他们都学过"专业制图""园林设计初步"，在一定程度上能够良好地完成行道树设计平立剖面的绘制。但当时班上新插入的刚从别的专业转入风景园林专业的学生的作业，给我留下了深刻的印象。当本专业的学生展示行道树设计剖面图的时候，剖的都是道路的横截面，能够显示出道路的宽度、几板几带、植物配置等信息，只有这位转专业的学生，她的剖面图剖的是道路边的花坛，询问她理由，她目光炯炯有神地说因为这个花坛漂亮，她还跟我说了几种更好看的花坛配置方案。这让我突然意识到，不同专业背景的人对于景观设计的理解是不一样的。风景园林专业的学生通过"专业制图""园林设计初步"课程学会了一套专门的景观绘图方法，这些图面包含着一些"富有创意的美丽设计"，可以起到美化环境的作用，同时也包含着具体的"科学性数据"，以方便施工的顺利进行，景观图面可以说是对这两者的有机结合。但对于刚刚接触风景园林这一专门领域的学生而言，景观设计可能只是纯粹的环境美化工作，所以表现在图纸上的内容都是如何创造美、表现美的，因而极富创造性。看着这些图，我思索着，图纸上绘制的景观的表现方式与画法不同，可能是因为观看这些景观的"眼睛"——视角是千差万别的。

于是，我反思着，作为一名研究者，当我们看到一张古意山水画时，总是想着如何用当代科学精确的方法去把它转变成三维立体的空间，而往往没有站在这张画的立场，去想一想画中之景想要传达的信息。我们似乎总是在一厢情愿地让所有研究素材围绕着我们自己的研究主题运转，却没有时间停下来好好想一想，这些研究素材本身想要同我们说的话。而明準学长的这本书，让图像回归图像，让历史回归历史，将研究的视角从"以我为中心"的能动性研究，转换为"以物为主体"，阐述作为无法言语的物之载体的图像正在向我们娓娓道来的悠远故事。

这本书以风景园林专业耳熟能详的平面图、剖立面图、透视图、分析图（diagram）、综合制图（mapping）的使用历史为研究视角，探讨了景观图绘的变迁及其所体现的景观设计的历史演变。主要内容分为两个部分，第一部分探讨了景观绘图的历史，第二部分讨论与评价了景观绘图的发展进程。

第一部分共分为六个章节，分别讨论了景观绘图的工具性和想象性特征、最初出现在景观设计平面图中的植物的画法及其蕴含的设计视野、法国古典主义园林图纸中植物的绘制特征及其所体现的景观设计的历史转变、英国自然风景园设计图纸中的灵活性构图及其有别于法国古典主义园林设计图纸绘制的特征、纽约中央公园设计图绘中运用的新技术对明确景观设计专业属性的作用、美国现代主义的一系列景观设计图像中出现的制图方式及其所体现的创新特征。

第二部分也分为六个章节，分别探讨了手绘和计算机绘图在景观设计过程中发挥的作用以及手绘和机绘对设计创意的开发、鸟瞰图和麦克哈格的叠图法在景观设计制图中的活用、拼贴图在景观图绘中的作用及其在詹姆斯·科纳的设计图纸中的活用、Adobe Photoshop 和 Illustrator 等图形软件对开发景观设计创意的作用并提出"照片假象（photo-fake）"概念、手工和软件创建模型的差异及两种创建模型的方式对促进设计创意生成的影响、基于当代景观设计过程中使用的图像及模型类型展望未来景观设计的发展。

对于风景园林专业低年级的本科生而言，这本书能够引领其进入景观设计的专业领域，并教会其平面图、剖立面图、透视图、分析图、综合制图的不同功能以及使用方法。对于风景园林专业高年级的本科生而言，这本书的内容能让其反思自己几乎每天都在绘制的设计图的真正内涵，从而能够正确地认识到景观设计的核心意蕴，并在此基础上进行更有创新性的设计。同时，对于风景园林专业的研究生或科研工作者而言，这本书的创新研究视角能够扩充其风景园林历史与理论研究领域的视野，可为后期多维度地对景观设计历史展开深入研究提供借鉴与启迪。

感谢翻译过程中被我打扰多次的明凖老师，他总是能够耐心地回复我的提问。本书翻译完成于新冠肺炎疫情期间，感恩有白兰、篁声和团雪三只猫常伴左右，还有窗外的一棵静静相守的槐。

最后感谢东南大学出版社的编辑们为本书的付梓尽心尽力；李明凖老师对书中的英文和法文做了细致的校对工作；当时大四刚毕业的陈徵羽同学作为本书的第一位学生读者，给予了我宝贵的反馈和对个别字词的修改建议。

这本书是我的第一本译著，献给因为疫情终究没有能够见到最后一面的，我的外婆，兆英。

希望疫情能够早日过去。

云嘉燕，写于中国南京

写在前面

　　进入风景园林专业学习，一直到毕业，所学的全部可以说都是关于绘图的知识。在设计真实景观的风景园林专业，画出漂亮的图，说不定是景观设计这种行为的宿命。在营造真实空间之前，设计创意只能先用绘图来描绘。充满绿色类似绘画的设计图展板也是每学期风景园林专业课所要提交的作业。就像画画一样，煞费苦心地精心制作设计场地的图形图像。当然，并不是每个人都需要通过绘图来完成景观设计的。因为风景园林是艺术与科学融合的学科领域，所以除了设计之外，还需要多种科学及人文学的研究。无论如何，风景园林（landscape）的英译是指代表景观的风景画，所以景观与绘画形象的关系是相当紧密的。

　　即使是现在，本科毕业十多年了，我仍然保留着构思设计之前先绘图的习惯。当我任教后，在给高年级学生所上的设计课上，让学生们提出自己的设计理念时，我很惊讶地看到他们从一开始就以设计展板为图纸，并依次在其中加入图像。将图像展板悬挂于墙上进行视觉形象欣赏的文化，来源于展示绘画作品和雕塑品评的法国沙龙文化遗产。允许同时详细观察多个图像的展板的好处是显而易见的。然而，景观并不是一个二维的静态图形图像，而是一个活生生的、多维的实体。有必要尝试使用各种媒体来体现景观的特征。值得庆幸的是，近来虚拟现实、增强现实、数字扫描、参数化、大数据等数字技术迅速成为景观规划和设计的工具，人们对风景画一样的图绘的渴望正在被重新点燃。

出于对景观设计和景观设计教育的又爱又恨的视角，我开始了这本书的写作。在循环往复的 Photoshop 和 Illustrator 制图中，我不知不觉本科毕业了，进入研究生学习阶段后，我开始好奇一个问题——为什么人们对真实空间景观设计中的视觉形象如此着迷？我们现在使用的绘图类型和特征是从什么时候开始的？它们又是如何变化的呢？就像一张布满风景照片的展板一样被制作而成的计算机图形具有怎样的功能？在日新月异的世界里，"景观绘图"应该扮演什么样的角色？

我首先回到了过去。遵循着景观绘图从过去发展到现在的轨迹，追溯了当今的景观绘图是从哪里来的。而后，我研究了当前的景观绘图是否存在问题，并设想了一个理想的未来。因此，这本书探讨的既是景观设计的历史，又是景观设计批评。景观是被

"画"的图绘，而本书是为了"观看"景观的过去和现在，所以本书的标题定为"画的景观"。

这本书是以我的博士学位论文和博士研究生期间发表的论文为基础，汇编了 2019 年我在《环境与造景》(『환경과 조경』) 月刊上连载的手稿。本书分为两个部分，每部分各有六篇文章。第一部分主要讲述了到 20 世纪初中期为止的景观手绘，第二部分大体讲述的是计算机出现后的绘图故事。在第一部分中，我用工具性和想象力说明了景观绘图的主要功能和作用，并在回顾 16 世纪到 20 世纪景观设计的主要历史的同时，阐述了地图叠加、拼贴、模型制作等绘画技术与当今常用的景观绘图的关系。在解释最近流行的写实数字效果图的优缺点的过程中，还创造了"photo-fake（照片假象）"这个新的术语。这个词，是为了描绘景观绘图应该如何应对时代的变化，而不是讽刺的自救。

老实说，我仍然不知道我是否喜欢景观设计，就像总是会担心自己是否穿着不适合自己的衣服。但我确信，随着年岁渐长，人会越来越喜爱自然的。我开始很享受新年里新芽变成绿色的时光，现在才知道秋天的枫叶并不是单纯的红黄相间，而是在无数的叶子中夹杂着浓淡不一的色层。夏天的夜晚，蝉和青蛙的鸣叫声，会让我沉浸在对小时候住过的乡间的家的回忆中，默默沉寂一段时间。风起时，当闻到某人的烟味和以前闻到的不同，便会突然想起自己服兵役的日子。四季过后，迎接另一个春天是很愉快的。

　　矛盾的是，这种对生命的认识是从朋友的去世中获得的。在刚过 30 岁后不久，遭遇了朋友的离世，彻底动摇了我的人生观。所有的生命都会在某个时刻消失，甚至比我们想象的更快，我们的生命也不例外。今天是我生活中平凡的一天，也可能成为和某人最后一次相遇的一天，与我们的意志无关。因此，这本书之所以能写成要感谢我的朋友 Jeong Dong-Chae，他已经不在了，永远定格在 30 岁，尽管如此，我还是要感谢他。

　　在我生命的四季中，我不知道我现在走在哪里。回顾往昔，回想那一个个我抱怨好像正在度过严冬的日子，似乎也是一个正在发芽的春天。所以，我只需要在时间和自然的流动中，活在当下。

致　谢

　　有很多值得感谢的人。虽然有些陈词滥调，但所有认识我的人都为这本书的出版做出了贡献。首先，要感谢我的导师裴廷漢教授在我学士、硕士、博士这段相当长的时间里一直关注我，给予我帮助。同时对审核我硕士论文和博士论文的审委赵耕真教授表示深深的尊敬和感谢。记者 Yoon Jeong-Hoon 和主编 Nam Ki-Joon 每个月都会仔细阅读我连载于《环境与造景》(『환경과 조경』) 杂志上的稿件并给予慷慨的建议，也为本书的出版做出了巨大贡献。仍然像我不成熟的十几岁时那样看待我的初中和高中的同学们，我的首尔大学风景园林系同班同学和后辈们，他们分享了我辉煌的二十至三十岁的岁月，是我生命中的宝贵财富。在此向在研究这条极不容易的道路上忍受逆境的首尔大学综合设计美学研究室的同伴们和研究生时期认识的优秀研究者们致敬。还要感谢韩京大学风景园林系——我的新窝的各位教授，还有我可爱的学生们。最后，我要向我的父母和兄弟，以及我的所有家人表示衷心的感谢和爱，他们总是在我想停止学业的时候抚慰我和等待我，你们辛苦了。

目 录

第一部分 ——————————————————————————
景观绘图史

景观绘图史

绘图、工具和想象力

　　这幅精心上色的画作（图1–1），是汉弗莱·雷普顿（Humphry Repton，1752—1818）在英国诺丁汉郡维尔贝克庄园设计前后绘制的。雷普顿因运用可翻开的纸盖装置在景观绘图中展示设计前后的差异，而表现出了高质量的景观图纸设计技术，因此在西方景观设计史上被誉为杰出的景观设计师，同时也被评为西方最早期的专业造园家。在这幅横向长方形的绘图中，雷普顿用两侧全景上叶子茂密的乔木制作了整个画面的图框，给人以一种稳定的安全感，图幅的中间区域，大片林地的风貌被描绘成逐渐后退的样子，给画面增添了景深感。他在绘图的中央设置了一个类似纸片盖子的装置，将设计前的景观绘于纸片之上，并用纸片遮住拟进行美化设计后的景观愿景，通过翻开纸片的方式，戏剧性地展现了设计前后景观风貌的变化。

　　相较这幅绘图想要表现的对主体景观的优化与改善方案，出现在绘图中的人物更为有趣。位于右侧的一棵阔叶乔木下有两对人物，一对是拿着土地测量仪器在测量土地的人和他的助手一起，另一对是在素描湖水和风景的一位绅士和他的助手。这些人物被精心安排在设计前和设计后的场景中，以避免被纸片遮住。雷普顿为什么要把这两对人画在景观图绘之上呢？通常情况下，在景观设计绘图中，为了展示所设

图 1-1
汉弗莱·雷普顿绘维尔贝克庄园图，
1794 年
Humphry Repton, Welbeck Estate，1794

计的景观的用途和功能，必然会在图绘中安排各种各样的景观欣赏者。那么，为什么雷普顿让测量和素描的人出现，而不是让欣赏和使用景观的人出现呢？

景观设计师一边绘图一边设计

在回答以上问题之前，让我们先讨论为什么绘图在景观设计过程中如此重要的这一问题。进入风景园林专业学习后，比起正式的设计，首先需要做的便是学习绘画。也许是出于这个原因，周边同专业的人或是刚开始学习景观设计的低年级学生经常会有这样的疑问——"如果想要从事景观设计工作，就应该画好图吗？"答案是——当然不是。图画得好并不代表设计就做得好，为了做好景观设计工作也不是必须得画得好。景观设计是设计景观，不是作画。但是，绘图是必定包含在景观设计中的一个过程，而且也是至关重要的一个环节。在设计和营造实际景观之前，设计者头脑中对所要设计的景观只能以绘图的形式物质化地表现出来。所以，与其说绘图是选择，不如说绘图技能的掌握是景观设计的必然之道。

在设计的最初阶段，我们将调查所要设计的目标场地的各种信息，以地图的形式进行可视化制图，在设计理念形成的过程中，我们将使用笔和标记在目标场地上绘制分析图，也会精心制作可供客户和大众观看的景观的视觉形象。另外，为了测试地形，还会制作模型。这些图纸通常是手工绘制的，但现今主要使用计算机软件完成制图工作（图1-2）。可知，景观设计师总是一边绘图，一边做设计。

此外，通过对景观设计师主要设计的对象，即景观一词的历史考察，便可以发现这一词并非指实际空间，而是指空间的视觉化形象。"景观"一词是由英语"landscape"翻译而来的，其词源"landskip"最初指土地最原始的景象绘图，

图1-2
West 8 和 Iroje 设计的以"治愈：未来公园"为主题的 2012 年韩国首尔龙山公园总体规划国际竞赛图纸展板，2012 年
West 8 and Iroje, "Healing: The Future Park", International Competition for the Master Plan of Yongsan Park, 2012

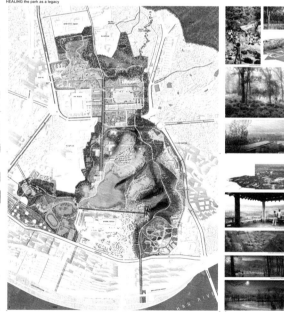

而 17 世纪的荷兰语 "landschap" 也意味着绘画，此后风景（scenic）的概念开始适用于现实世界。由风景画这一视觉形象而产生了关于景观的概念[1]。像这样，"景观""绘图"和"设计景观"之间存在不可分割的关系。这也再次印证了一个事实——景观设计师一边绘图，一边设计景观。

工具和想象力

或许正因为如此，景观绘图还体现了所要设计的景观的整体性。景观设计作为一个专业的学科领域，关于其究竟是更科学的还是更艺术的这一问题，每当讨论景观的整体性时都会被提出。在景观设计的过程中使用的各种绘图方式，如实地展示了构成景观整体性的两种特性[2]。使用 GIS（Geographic Information System，地理信息系统）软件进行制图，从而形成的设计场地的多个信息，实则代表了景观设计的科学特性。而运用 Adobe Photoshop 或 Illustrator 等图形软件制作的绘画性设计图纸，则体现出景观设计的艺术特性。前者可归纳为"工具性"，后者则可归纳为"想象性"[3]。

科学的工具性和艺术的想象性这两个特性，在景观设计的两种园林设计样式中也有所体现。18 世纪后期出版的诗

1
James Corner, "Eidetic Operations and New Landscapes", in *Recovering Landscape: Essays in Contemporary Landscape Architecture*, James Corner, ed., New York: Princeton Architectural Press, 1999, p.153; 황기원 (Hwang Kee-Won),『경관의 해석: 그 아름다움의 앎』, 서울대학교 출판문화원, 2011, pp.71-104.

2
Elizabeth K. Meyer, "The Post-Earth Day Conundrum: Translating Environmental Values into Landscape Design", in *Environmentalism in Landscape Architecture*, Michel Conan, ed., Washington, DC: Dumbarton Oaks Research Library and Collection, 2000, pp.187-244.

3
以工具性和想象性来把握景观设计和绘图特性的想法受到了詹姆斯·科纳的影响。有关詹姆斯·科纳的绘图实务和理论的讨论参考了以下文献：James Corner and Alison Bick Hirsch, eds., *The Landscape Imagination: Collected Essays of James Corner 1990-2010*, New York: Princeton Architectural Press, 2014；이명준 (Lee Myeong-Jun), "제임스 코너의 재현 이론과 실천: 조경 드로잉의 특성과 역할",『한국조경학회지』45(4), 2017, pp.118-130.

人雅克·德利尔（Jacques Delille）的诗集《园林，美化风景的艺术》（*Les Jardins, Ou L'art D'embellir Les Paysages*）中，有一张版画（图1–3）。画中刻着两个女人，右边的女人把直尺、三角尺、圆规等工具放在身边，左边的女人左手拿着调色板和画笔，右手指着身后的风景。这两个女人可能在争论版画中央刻在远景上的花园之景。据景观设计师埃里克·德容（Erik de Jong）的说法，右侧女人手中的绘图工具是"一种园林设计的建筑式风格"，即指代法国的古典主义对称式园林，左边女人手中的工具是"一种风景画式的风格"，即指代英国的自然风景式园林[4]。如果说直尺、三角尺、圆规都是以"尺量"方式，通过精密测量而设计的对称式规整园林，那么调色板和画笔就是用"笔画"的方式，以绘图构成的风景画式的园林。前者接近于景观设计的科学工具性特征，而后者则属于景观设计的艺术想象性特征。

现在，让我们返回到本章最开头展示的那帧雷普顿的设计绘图。雷普顿在绘图中画了两对测量和素描景观的人，而

4
Erik de Jong, "Landscapes of the Imagination", in *Landscapes of the Imagination: Designing the European Tradition of Garden and Landscape Architecture 1600–2000*, Erik de Jong, Michel Lafaille and Christian Bertram, eds., Rotterdam: NAi Publishers, 2008, p.17.

图 1–3
雅克·德利尔，花园插图，1782 年
Jacques Delille, Illustration of Les Jardins, Ou L'art D'embellir Les Paysages, 1782

不是使用他所设计的景观的人。测绘是设计景观的行为，所以画在图上的人不是园林的访客，而是造园家，也就是雷普顿自己。这幅画既是景观设计图，也是造园家雷普顿的自画像。正如园艺师安德烈·罗杰（André Rogger）所解释的那样，在这幅图中，雷普顿将自己的造园家职业描述为测量师和画师两种职业的结合[5]。左侧的两个人表现出精确测量景观的科学工具性，而右侧的两个人则表现出描绘优美景观的艺术想象性。

5
André Rogger, *Landscapes of Taste: The Art of Humphry Repton's Red Books*, London: Routledge, 2007, p.104.

绘图类型

在前面所述雷普顿的图绘中，我们再次注意到，当描述景观的整体性和形式风格时，景观设计工具的形象被得以强化。制图和测量工具、素描和彩绘工具代表着设计行为的两种特性和不同的园林风格形式。有趣的是，其中大部分都是景观可视化的工具，也就是绘图的工具。这也证明了，在景观设计中，绘制景观的行为极为重要。

当景观设计师绘制自己想象的景观时，可能无法描绘出景观的全貌。通常设计师会习惯使用几种绘图方法——几种设计师经常会使用到的绘图类型，以此来仅仅表现所要设计的景观的某一部分。设计师通常会使用平面图来描绘设计场地的整体概况，用剖立面图解释景观的竖向立面，用透视图将景观的分类和使用功能进行可视化表现，并使用分析图形式化自己的设计策略。而我们前面说到的绘图工具——直尺、三角尺、圆规、调色板、画笔，能够与这些绘图类型相互对应起来。直尺、三角尺、圆规对应于将景观精确投影到二维平面上的工具性绘图类型，如平面图和立面图等需要通过精细测量才能绘制的图绘。调色板和画笔对应于将要设计的景观的外观和氛围描绘成绘画的艺术性绘图类型，如透视图或效果图。

景观绘图的类型大致可分为三类。第一类，是平面图和剖立面图等能够准确投影景观的投影图，对于景观的真实营造具有极为重要的作用，它要求严谨和精确。依照建筑师詹姆斯·阿克曼（James S. Ackerman）的见解，建筑平面图至少从古罗马时代就已经开始出现，立面图则是从 13 世纪开始出现的 [6]。投影图也被认为是建筑投影，因为它受到 16 世纪文艺复兴时期建筑制图的影响，而逐步活用于景观设计领域 [7]。在表现 16 世纪意大利文艺复兴时期园林及 17 世纪法国古典主义园林中，投影图被得以重用。

第二类，是一种类似于透视图一样的能够形象地描绘景观外表的图绘类型。透视图能将设计的景观呈现于眼前，可向客户和公众展示所设计的景观的空间氛围和使用功能 [8]。由于透视图具有类似风景画或照片的形式和构成，所以不是景

6
James S. Ackerman, "The Conventions and Rhetoric of Architectural Drawing", in *Origins*, *Imitation*, *Conventions*: *Representation in the Visual Arts*, James S. Ackerman, ed., Cambridge, MA: MIT Press, 2002, pp.296, 298.

7
Erik de Jong, "Landscapes of the Imagination", in *Landscapes of the Imagination: Designing the European Tradition of Garden and Landscape Architecture 1600—2000*. Erik de Jong, Michel Lafaille and Christian Bertram eds., Rotterdam: NAi Publishers, 2008, p.22.

8
严格地说，用线性透视法（linear perspective）绘制的透视图属于投影绘图。但是，在景观设计的历史中，透视图被用来描绘景观的氛围，如精心彩绘，或者像蒙太奇和拼贴一样重现视觉化景观，所以倾向于应用松散线性透视法。

观设计专家的普通大众也可以通过它轻松地理解被设计的空间。此外，如前所述，如果考虑到"景观"一词的概念是受风景画的影响而产生的这一点，就可以猜到该绘图类型在景观可视化方面是多么恰当和重要。这种类型的绘画技巧对空间氛围的形象化及可视化表现很有效，被认为是景观设计竞赛中特别重要的技能。在景观设计史上强调绘画描写方式的透视图，在 18 世纪的英国风景画式园林的设计中尤其受到推崇。

第三类，是一些分析图，它们可以将景观的不可见属性进行可视化操作。如果说前两种类型是为了模仿景观的外观，那么分析图的制作则是为了体现可视化景观的功能或动线、景观要素之间的关系、景观随时间的推移而发生的变化，以及难以用投影图和透视图绘制的设计策略。与前两种绘图类型相比，分析图的绘制规则比较宽松，因此可以根据设计者的想象力使用多种方法绘制。分析图在 20 世纪初开始被美国现代主义景观设计师使用，近年来，通过各种计算机软件能够以各种方式制作成图。

工具和想象力的灵活性

到目前为止，本章所描述的绘图类型、工具性和可想象性，并非总是具有明显区分的。正如将在下面几个章节中讨论的那样，绘图类型可以灵活地转换为各种类型，同时以各种方式进行混合。任何一种绘图类型都不是只有工具性和想象性中的某一种特征，绘图的特性具有灵活性，并且可以同

图 1-4
詹姆斯·科纳，生命景观，美国弗莱士河公园：从垃圾填埋场到公园，2001 年
James Corner, 'Lifescape', Fresh Kills Landfill to Park, 2001

时具备两种特征，这取决于绘图类型的可视化方式和它所发挥的功能。比方说，平面图通常是通过精确测量景观信息来进行工具化绘制的类型，但它会转化为分析图来表现设计理念。像詹姆斯·科纳（James Corner）在美国弗莱士河公园（Fresh Kills Park）设计竞赛中呈现的平面拼贴图一样，将分析图变形为能够发展设计的创意性和想象性的绘图（图1-4）。透视图与平面图或立面图相比，可以说是承担了想象性的作用，但如果侧重于景观的真实描绘，透视图则主要负责描述景观外观的工具性功能，它可以创造一个像蒙太奇或拼贴画般的新景观。透视图还可以作为一种技术，在以某种方式展示想象的同时，将想象的形象可视化（图1-5）。

这种工具性和想象性，以及它们之间的融合，是研究景观绘图和景观设计史的一个有用视角，对当代景观设计的实践、教学以及今后的发展方向都有很大的启示。通过这一系列的讨论，我们可以了解到在景观设计中使用的各种绘图类型（平立面投影图、

图 1–5
阿德里安·高伊策，Schouwburgplein
透视拼贴，1990 年
Adriaan Geuze, Schouwburgplein
Perspective Collage, 1990

透视图、分析图）、绘图媒介（手、计算机、模型）、绘图方法
（俯瞰、移动、蒙太奇和拼贴、分析图）的过去和现在，以及
它们所具有的工具性和想象性特征。探讨这些更有助于我们
探索现在使用的绘图技术来自何处、如何变化，当前的景观
绘图有何种发展倾向、是否存在问题，以及将来在景观设计
中绘图将如何演化等问题。

如何画一棵树

我曾经让风景园林系的新生简单地用描画地图的形式绘出一个花园和一座房子。大部分学生都以方盒的形式表现建筑物且画得很好，但在园林的绘制上有些犹豫。因为他们没有把树画成平面形状的经验，所以需要一定想象的时间。在景观设计图纸的绘制过程中，所使用的许多技法都是有规则的，也就是说只要学会这些技法和规则，即可便捷地将这种技法当成一种绘图习惯来绘制景观设计图纸。长时间的风景园林专业学习，能让学生将这套制图习惯了然于心，并在每次制图过程中理所当然地加以使用。但是当我选择风景园林专业的时候，初学此专业的我还看不懂景观设计图纸。虽然等高线、比例、方位等都在初中地理课上学习过，但是当我成为一名风景园林专业的学生后，第一次开始学习绘制包括植物在内的含有特定要素的景观制图。

每一条规则都有它成立的原因。图形中的规则是一种高效的交流沟通手段，旨在使组件更易于表达，并使熟悉这些规则的人更容易读懂图形。虽然我认为讲授这些规则是风景园林专业教师的主要职责，但我也对这些习以为常的规则持怀疑态度。总会有这样的疑问——为什么，以及究竟是从何时开始以这种方式绘制景观图纸的呢？例如，当我们要用平面图来表现景观制图的主要对象——植物时，我们就会以所学的用圆圈的形式来绘制植物的方式进行制图。那么，这种方式是从什么时候开始产生的呢？是从开始绘制景观设计图的时候开始的吗？如果不是的话，在这之前又是如何将植物进行可视化表现的呢？

二重投影

这幅图（图 2-1）是 18 世纪后期瑞典哈加公园（Haga Park）的平面图，由瑞典景观设计师弗雷德里克·马格纳斯·派帕（Fredrik Magnus Piper，1746—1824）设计。他将英国的自然风景园设计引进他的祖国瑞典，该平面图像风景画一样精心着色，即便作为一幅绘画作品也毫不逊色。在这张平面图中，建筑物以正投影的方式出现在二维平面上。有趣的是，关于植物的可视化绘制方式，仔细观察便会发现，植物是以立面的形式画出来的。然而，这些植物并没有完全按照从正面看的立面形式绘制，它是以偏离正统投影原理的松散透视图的形式进行可视化绘制的。那么，这样画的理由是什么呢？

首先，这是因为在景观制图的三种类型（投影图、透视图、分析图）中，最常用的类型便是透视图。由于"景观"一词的概念及对其的认知是在风景画的影响下形成的，所以在画风景画时使用的透视图很适合用来视觉化景观，这对于深谙景观制图的人来说也是耳熟能详的。另外，透视图也适

图 2-1
弗雷德里克·马格纳斯·派帕，哈加公园总体规划，1781 年
Fredrik Magnus Piper, General Plan for the Park at Haga, 1781

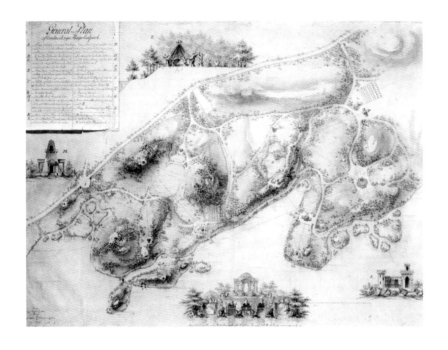

用于对构成景观的植物素材的可视化绘制。如果说地形和建筑物是用并非以人眼观察的角度而是以从空中俯瞰的视角来绘制平面图的形式来描绘的话，那么植物就是以人眼观察的角度，通过透视的手法来进行可视化绘制的。

之所以采用这种绘画手法，还有一个原因是，当时还没有将树的形状从空中投影到地面的习惯，即植物俯视技法还未出现。植物俯视图是在19世纪中叶的景观绘图中才出现的，并逐渐趋于普遍化（图2-2）。先前平面图中的植物是按植

图 2-2
古斯塔夫·迈耶，古罗马花园假想平面图，1860 年
Gustav Meyer, Hypothetical Plan of Ancient Roman Garden, 1860

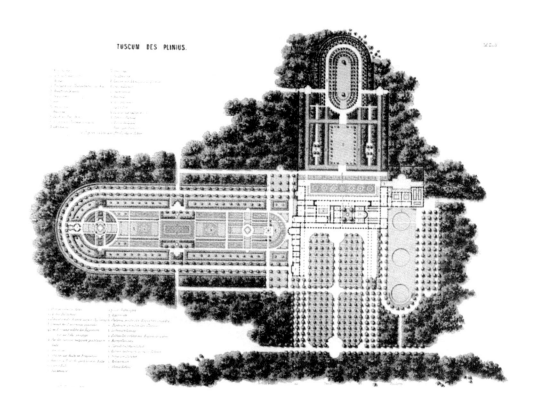

物的正立面绘制的，可见当时对于植物来说，它们的外观之美是景观设计师认为颇为重要的方面。也许这就是为什么它们与建筑不同，相对不受投影原理的影响而在平面图上呈现出松散透视图画法的原因。

在类似于平坦的地图一样的地形上，以植物为代表的景物正面视图的画法被称为二重投影法（planometric）[1]。二重投影技法也出现在古埃及花园的绘画中（图 2-3），这幅

1
James Corner, "Representation and Landscape: Drawing and Making in the Landscape Medium", *Word & Image: A Journal of Verbal/Visual Enquiry* 8(3), 1992, pp.253, 255; Erik de Jong, Michel Lafaille and Christian Bertram, eds., "Landscapes of the Imagination", in *Landscapes of the Imagination: Designing the European Tradition of Garden and Landscape Architecture 1600–2000*, Rotterdam: NAi Publishers, 2008, p.22.

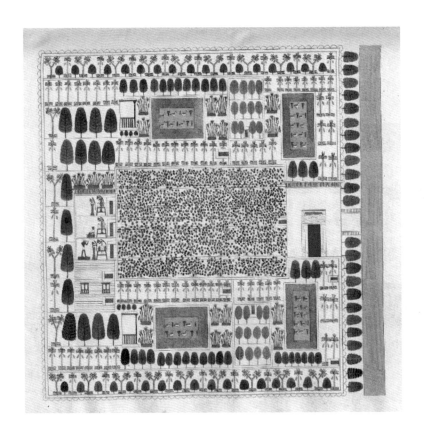

图 2-3
伊波利托·罗塞利尼，埃及花园，来自底比斯的一座坟墓，收藏编号 LXIX，1832 年
Ippolito Rosellini, Egyptian Garden, from a tomb at Thebes, Plate LXIX, 1832

2
James Corner，"Representation and Landscape：Drawing and Making in the Landscape Medium"，*Word & Image*：*A Journal of Verbal/Visual Enquiry* 8(3)，1992, p.253.

3
James Corner，"Representation and Landscape：Drawing and Making in the Landscape Medium"，*Word & Image*：*A Journal of Verbal/Visual Enquiry* 8(3)，1992, pp.253, 255.

4
Elke Mertens，*Visualizing Landscape Architecture*，Basel：Birkhäuser，2010，pp.10–11.

画整体上采用了平面图的形式，很好地展现了古埃及花园的空间划分。这里值得注意的是，园林构成要素中的植物要素是以正面看到的形式绘制而成的。詹姆斯·科纳为应用于这幅画的平面图技法提供了一个有趣的解释，他将二重投影技法视为用于景观或花园设计的一种特定的可视化方法[2]。根据他的解释，不同于以地面、墙面、屋顶为空间边界的建筑，景观的营造更类似于采用二重投影，同时强调地面的平面和立面的整体性，这有助于向景观设计师解释景观各构成要素之间的关系，还具有说明各种植物形态的布局和配置的功能[3]。与科纳的观点相似，景观设计师埃尔克·梅特恩斯（Elke Mertens）也表示，二重投影技术适用于描绘平面图中无法显示的植物种类、大小和视觉特征[4]。换言之，二重投影技术作为一种可视化方法，可适用于空间划分的同时，也能显示出实际所种植植物的景观特征。

绘图类型的混合

二重投影技术可以理解为一种混合不同绘图类型的方法。在派帕的绘图中，土地和建筑物以平面图形式而植物以松散的透视图形式合成了最终图绘。图中的植物都绘有阴影，处理得像绘画一样。考虑到第一章解释的绘画的工具性和想象性，可以说，基于想象力的松散透视图是艺术创造力的混合体，而基于科学准确性的平面图则体现出绘图的工具性。此外，虽然这幅图基本上是基于平面图形式绘制的，但外围的建筑元素却是以立面的形式绘制的[5]。我们所熟悉的绘图类型，如平立面投影图、透视图、分析图似乎一直是分开存在的，但实际上，这些不同类型的绘图可以通过各种方式混合在一起。

在我们看来，用二重投影技法绘制的图纸可能是错误的或是看起来有些奇怪，但对于所要描绘的对象物来说，它似乎绘制了真相。如前所述，景观设计这种行为实际上是很难使用平面图、立面图或透视图等单一的图纸类型来全然表现的。反而，可以同时使用展示场地空间划分的平面图，以及表现植物的种类、特征和布局的松散透视图来更好地进行设计说明，即运用混合平面图和立面图的方法，能更好地呈现所要设计的景观。

绘图类型的混合是近年来经常出现的表现设计的方式，视觉图像可以通过各种数字软件进行自由轻松的转换，如将立面图和透视图结合起来进行图像的可视化操作（图2-4）。也许混合类型是为了让我们能够方便地分离出可以立即可视化的事物。绘图类型不仅能进行物理性混合，还可以通过化

5
据悉，虽然地形是派帕亲手绘制的，但大部分建筑要素都委托了当时法国舞台建筑师让·德斯普雷兹 (Jean Desprez)。Thorbjörn Andersson, Marc Treib, ed., "From Paper to Park", in *Representing Landscape Architecture*, London and New York: Taylor & Francis, 2008, pp. 81, 95.

图 2-4
Lim Han-Sol, Lee Jung-Hyeon, Na
Hye-Ji,《时间之林，生命之野》,
2018 近代城市建筑 Re-Birth 设计大奖
赛优秀奖，2018 年
임한솔·이중현·나혜지, '시간의 숲,
생명의 들', 2018 근대 도시건축 Re-
Birth 디자인 공모전 우수상, 2018

学性混合方式而组合转化为其他类型。前一章介绍的詹姆斯·科纳将其所设计的美国弗莱士河公园的平面图转换成分析图的形式，并将其用作创建景观形状的主要工具，便是一个值得关注的示例。

绘图时间的混合

从时间的维度来看，绘图本来就是一种混合性产物。景观绘图所描绘的现实世界，很大程度上是尚未成为现实的未来。所要设计的场地实则已经存在于现实世界中，但设计人员头脑中所设计的场地景观愿景是属于未来的，除非它真的被构建出来。换句话说，绘图的时态永远是将来时。在这一点上，包含景观设计在内的建成环境的设计绘图与绘画、摄影等纯粹艺术图像有根本性的不同。在风景摄影或风景画中获得的形象化的现实在很大程度上已经成为过去，而设计图却是在描绘未来的风景。借助科纳的解释，"景观绘图不是反映现有现实的结果，而是生产性地绘制了以后将出现的现实……建造景观应该首先在'绘图中'决定，并且将在绘图之后而不是之前存在"[6]。

严格来说，景观绘图并不仅仅是将未来的景观可视化和形象化，很多情况下，是在已经存在的景观的基础上，根据设计者的设想而增加了所要变更设计的景观事项。如果前者是过去或现在的时间，那么后者便是未来的时间。也就是说，一张景观绘图中已经混合了多个不同时态的现实。在上一章中介绍的雷普顿的景观绘图，即巧妙地利用了现在和未来时态的混合。在他的绘图中，合上纸盖就能看到设计场地的现在面貌，掀开纸盖就能演绎出设计者设计的未来景观，也就是说未来的时间可以戏剧性地在翻开纸盖的一瞬间展开。在雷普顿的景观绘图中，纸盖外围部分在设计前后保持不变，这些景观代表了现在时态和未来时态的共存。

6
James Corner, "Representation and Landscape: Drawing and Making in the Landscape Medium", *Word & Image: A Journal of Verbal/Visual Enquiry* 8(3), 1992, p.245.

野性的眼睛

我们通过学习和熟悉如何使用景观设计的基本知识来绘制特定的图纸类型，从而成长为景观设计领域的专家。在可以使用各种图形软件使绘图看起来更逼真的当今，很难发现绘图的混合性特质。二重投影技术是一种基于多视点的绘图方法，其中的各种视点共存于一个平面之上。在强求单一焦点的绘图体系中，很难找到诸如二重投影技术之类的混合性绘图技法。

相反，这样的可视化图纸绘制实践，往往是在尚未熟悉景观制图体系的大学新生而不是景观设计专家的绘图工作中发现的。类似基于二重投影技术绘制的图片，如图 2-5 所示，

图 2-5
Lee Sang-Yeong，拼贴图，韩国嘉泉大学空间设计基础实习 2，2018 年
이상영 , 콜라주 , 가천대학교 공간디자인기초실습 2, 2018

主要是利用多种摄影材料和彩色铅笔、牙签等制作的拼贴画，整体上采用了一点透视图的形式，以木质栈道为空间边界，左侧是生态池塘，右侧是长有鲜花的草地。虽然没有很好地运用透视图技法，但是把景观和使用景观的人组合在了一起，将自己想象的景观氛围视觉形象化，而且这样的表现方式也并不会太过于不自然。在透视图的表现形式中，植物以扭曲的平面形式绘制，并将多个视点混合在一张绘图之中。除此之外，还有运用立体视角从多个角度观察物体的图纸，其可以说是先将空间划分为平面，然后再将景观元素合成为平面的一种二重投影技术（图2-6、图2-7）。

图 2-6
Jeong Ji-Ae，拼贴图，韩国嘉泉大学
空间设计基础实习 2，2018 年
정지애 , 콜라주 , 가천대학교 공간디자
인기초실습 2, 2018

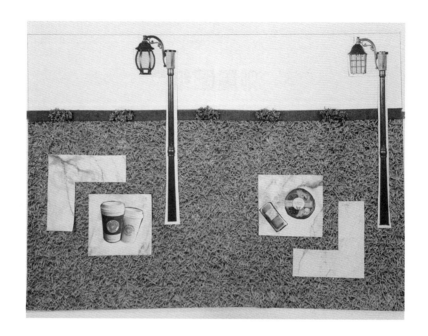

图 2-7
Kim Bo-Mi，拼贴图，韩国嘉泉大学空间设计基础实习 2，2018 年
김보미，콜라주，가천대학교 공간디자인기초실습 2, 2018

上述绘图在景观设计制图规范体系内被视为错误的方式。但是，这些作品在风景园林专业的新生们被绘图类型的规则和习惯所束缚之前，有趣地展示了他们是如何认识景观设计这一行为的，同时也提供了一种可替代正规绘图类型的景观可视化途径。这种景观可视化实践，在熟悉绘图类型的高年级学生的作业中并不常见。或许，绘画的混合技法是一种用野性的、未被驯服的眼睛描绘出想象的可视化方法，当学生通过学习专业制图类型后，则会沉浸于制图惯性中，再也无法轻易回归到最初的状态。

测量图纸

景观图绘的正式使用是从什么时候开始的呢？要得到答案的话，首先需要确定景观图绘的范围。如果说所有描绘园林、公园和自然的图画都是景观图绘的话，那么画家画的风景画也属于这一范畴，但这些图像只是对存在的景观的临摹，而不是景观图绘。景观图绘是指设计师在景观设计过程中绘制的与景观营造有关的图像。在初期构思过程中快速绘制的草图、分析设计场地时绘制的分析图、为参赛作品而制作的用计算机软件绘制的图像、为工程而制作的施工图以及建成后重新绘制自己作品的图像等，这些设计过程中产出的所有可视化图像作业都可被视为景观图绘。

那么，景观设计师是从什么时候开始在设计过程中产出图绘的呢？景观设计这一专门领域是在 19 世纪中期以后形成的，因此在此之前设计花园或公园的专门人员严格来说不能被称为景观设计师。如果考虑到第二章中介绍的古埃及花园图绘，那么不妨说我们称之为景观设计的工作是与人类文明一起开始的。但是，古埃及花园图绘不能被称为景观图绘，就连它是否是设计师绘制的也不得而知。景观研究者推测景观绘图——景观设计师在景观设计过程中绘制的图绘，始于16世纪的意大利。此时的图绘多以平面图的形式，描绘出当时意大利园林的井然秩序。此时的图绘类型，作为一种在景观绘图讲求的科学工具性和艺术想象性的两个特征中强调前者的可视化方法，是用尺子测量设计者脑海中设计的景观来表现的。

美第奇庭园绘图

16世纪中叶建造的意大利美第奇庭园之一的卡斯特洛别墅园（Villa di Castello）的详细平面图被认为是现存最早的园林绘图之一（图 3-1）。据推测，这幅图是由设计花园的意大利雕塑家兼画家，同时也被称为特利波罗（Tribolo）的尼科洛·佩里科利（Niccolò Pericoli，1500—1550）绘制的[1]。

像是把设计师脑海中的庭园直接移到平面图上一样，在

1
Raffaella Fabiani Giannetto, *Medici Gardens: From Making to Design*, Philadelphia: University of Pennsylvania Press, 2008, pp.257–258.

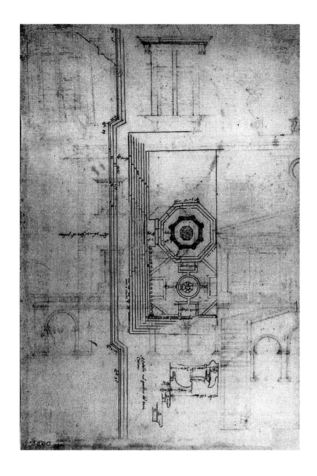

图 3-1
特利波罗，卡斯特洛别墅园详图，
1520–1536 年
Tribolo (attributed), Drawing of Garden
Detail at Castello, c.1520–1536

这幅图上树篱的轮廓被精确地绘制成直线。用于造园的场地在平面图上被线条划分出不同区域，各区域内部被植物整齐地填充着。在目前仅存的意大利园林中，卡斯特洛别墅园最忠实地体现了莱昂·巴蒂斯塔·阿尔伯蒂（Leon Battista Alberti，1404—1472）讲求的造型秩序。这种造型秩序在画家朱斯托·乌滕斯（Giusto Utens，? —1609）的画作中得到

2
卡斯特洛别墅园设计的整体说明见
以下文献：D. R. Edward Wright,
"Some Medici Gardens of the Florentine
Renaissance: An Essay in Post-Aesthetic
Interpretation", in *The Italian Garden*:
Art, Design and Culture, John Dixon
Hunt, ed., Cambridge: Cambridge
University Press, 1996, pp.34–59.

3
Georgio Vasari, "Niccolò, Called
Tribolo", in *Lives of the Most Eminent
Painters, Sculptors & Architects: Volume
VII, Tribolo to Il Sodoma*, trans. Gaston
du C. De Vere, London: Philip Lee
Warner, Publisher to the Medici Society,
1914, p.17.

4
Raffaella Fabiani Giannetto, *Medici
Gardens: From Making to Design*,
Philadelphia: University of Pennsylvania
Press, 2008, p.150.

了详细的描述（图 3-2）。一条南北方向的直轴在画布中心占据主导地位，建筑和花园沿轴线对称地展开，沿着网格状道路散布着喷泉、凉棚和雕像等 [2]。

文艺复兴时期的美术家兼美术史学家乔尔乔·瓦萨里（Giorgio Vasari, 1511—1574）曾在参观了卡斯特洛别墅园后说道："树木和黄杨木围栏排列得太精确了，看起来像艺术家的画。"[3] 在绘制这些几何图案、植物和建筑元素的精确布局时，平面图这种绘图类型是适合的。美第奇花园是在美第奇家族的支持下建造的，因此这些图纸不仅用于研究地形和规划设计，还作为与君主、美第奇家族成员进行沟通交流的媒介 [4]。此外，景观设计绘图是"景观设计师练习如何更好

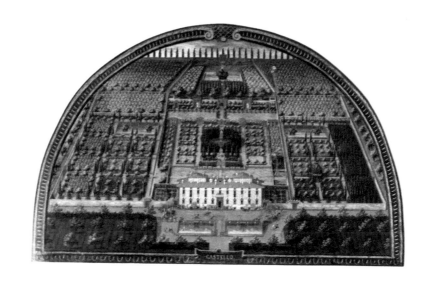

图 3-2
朱斯托·乌滕斯，卡斯特洛别墅园，
1599 年
Giusto Utens, Villa Medicea di Castello,
1599

地掌控设计工作，并将其向观看者展示技巧的工具"[5]。然而，卡斯特洛别墅园的详细平面图并不能算是一幅完整的景观图绘。

安德烈·勒诺特尔的庭园绘图

安德烈·勒诺特尔（André Le Nôtre，1613—1700）在西方景观史上一直是十分重要的人物，是第一位以花园为主题留下完整图绘的景观设计师。在景观设计史上，17世纪被称为法国古典主义园林时代。法国古典主义园林像前述意大利园林一样，具有轴线、直线、对称等造型秩序，并被绘制为适合将这些原则形象可视化的平面投影图。作为凡尔赛宫（Versailles）一部分的大特里亚农宫（Grand Trianon）的平面图被精心描绘而成，如实地展现了当时园林的造型原理（图3-3）。因瑞典建筑师尼哥底母·泰辛（Nicodemus Tessin，1654—1728）的请求，勒诺特尔描绘了自己所设计的大特里亚农宫图像[6]。面向凡尔赛宫的大特里亚农宫是由与凡尔赛宫相类似的造型秩序构成的。以中央的主轴为中心，以直线分割空间，植物在区划线内部整齐排列，周围按照规定的

5

Raffaella Fabiani Giannetto, *Medici Gardens: From Making to Design*, Philadelphia: University of Pennsylvania Press, 2008, p.149.

6

以下文献将这个平面看作是勒诺特尔亲手绘制的：这大体上是根据泰辛的记录推断的。1693年末，泰辛给驻巴黎文化大使丹尼尔·克伦斯特罗姆（Daniel Cronström）写信，希望从勒诺特尔那里得到大特里亚农宫的平面图，1694年3月泰辛收到了勒诺特尔准备平面图的回信。之后的9月26日，泰辛告诉克伦斯特罗姆，他收到了与勒诺特尔平面图一起附上的庭院说明，根据这些记录推测，该图是勒诺特尔亲手绘制的。另外，此前研究勒诺特尔设计的园林的F.汉密尔顿·赫斯特（F. Hamilton Hazlehurst）曾推测该图为勒诺特尔的小侄子克劳德·德斯戈画的。在这张平面图上，确认了勒诺特尔的笔迹，他是大特里亚农宫的责任设计师，但绘图格式类似于德斯戈茨的。(Erik de Jong, Michel Lafaille and Christian Bertram, eds., *Landscapes of the Imagination: Designing the European Tradition of Garden and Landscape Architecture 1600-2000*, Rotterdam: NAi Publishers, 2008, p.50.) 在任何情况下，这张平面图都很好地体现了勒诺特尔园林设计的特点。勒诺特尔的笔迹还保留着，这意味着他得到了认可。勒诺特尔是当代著名的园林设计师，他有很多弟子，包括他的侄子，都十分有影响力。有关勒诺特尔实际绘制的绘图的特性和推断依据的更详细说明。(F. Hamilton Hazlehurst, *Gardens of Illusion: The Genius of André Le Nostre*, Nashiville: Vanderbilt University Press, 1980, pp.158, 166, 375-394.)

图 3-3
安德烈·勒诺特尔，大特里亚农宫花园平面，1694 年
André Le Nôtre, Plan of the Grand Trianon Gardens, 1694

间隔一一排列着植被。这幅绘图的完成度极高，即使被看作一幅插图也毫不逊色。因此，包括勒诺特尔和他的弟子在内所绘制的法国古典主义园林平面图像艺术作品一样被泰辛收藏着。从这一点来看，大特里亚农宫平面图是"将景观绘图评价为自主艺术作品的案例，它是第一个，也是最著名的一个"[7]。

准确的绘图

比大特里亚农宫设计得更早的沃勒维孔特城堡（Vaux le Vicomte），被评价为完整地体现了勒诺特尔早期园林设计特征的杰作。勒诺特尔绘制的这座花园的平面图，以中央的直线轴为基础，两边的庭院空间被划分在几何秩序之内（图3-4）。有趣的是，这张图显示的形态精度几乎与实际的沃勒维孔特城堡的卫星图像相同（图3-5）[8]。当时最先进的技术——测量和光学仪器，使精确测量、绘制和构建地形成为可能[9]。

勒诺特尔不仅绘制了上述两个平面，还绘制了许多立面图，虽然现已不存。他绘制立面图是因为，立面图是能够按其在实际空间中准确创建真实花园的重要绘图类型。然而，

7
泰辛在要这幅平面图之前的1687年，已经多次访问凡尔赛宫，其中两次由勒诺特尔陪同详细说明。泰辛对大特里亚农宫的花园和喷泉很感兴趣，留下了很多相关素描。Erik de Jong, Michel Lafaille, Christian Bertram, *Landscapes of the Imagination: Designing the European Tradition of Garden and Landscape Architecture 1600–2000*. Rotterdam: NAi Publishers. 2008, p.50; Thomas Hedin, "Tessin in the Gardens of Versailles in 1687", *Konsthistorisk Tidskrift/Journal of Art History* 71(1-2), 2003, pp.47–60.

8
F. Hamilton Hazelehurst, *Gardens of Illusion: The Genius of André Le Nôstre*, Nashiville: Vanderbit University Press, 1980, p.19.

9
在凡尔赛宫的建造中，有关利用光学仪器进行测量的研究参考了以下文献：Georges Farhat, "Optical Instrumenta[liza]tion and Modernity at Versailles: From Measuring the Earth to Leveling in French Seventeenth-Century Gardens", in *Technology and the Garden*, Michael G. Lee and Kenneth I. Helphand, eds., Washington, DC: Dumbarton Oaks Research Library and Collection, 2014, pp.25–52.

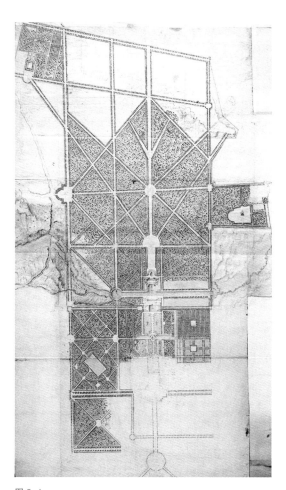

图 3-4
勒诺特尔,沃勒维孔特城堡花园平面图,1660 年
André Le Nôtre, Plan of Vaux-le-Vicomte Gardens, 1660

图 3-5
沃勒维孔特城堡花园卫星图
Aerial View of Vaux-le-Vicomte Gardens

据推测，在施工过程中这些立面图经过多人之手，可能已经遭到损坏或废弃 [10]，而当时绘制的其他剖面图则被保留了下来。像这样，勒诺特尔利用平面图和立面图这两种投影绘图类型来进行古典主义对称式园林的设计及施工，这种绘图惯例适合于精确测量和可视化空间的几何秩序。正如马克·特雷布（Mark Treib）所言，像沃勒维孔特城堡这样的法国古典主义园林可以很好地用平面图绘制出来，古典主义对称式园林"在绘画和现实空间中都能认识到其几何秩序，平面图体现了该类园林的这种秩序，园林的营造试图把这种秩序展现得更大，在现实空间中体现得更完满" [11]。

勒诺特尔的植物可视化方法

那么，在大特里亚农宫花园和沃勒维孔特城堡花园平面图上，树是怎么画的呢？勒诺特尔使用了上一章中介绍的二重投影（planometric）技术。在平面图中，以立面或松散的透视图形式绘制植物，完好地结合了两种绘图类型。换言之，庭园里的地块是很难用肉眼观察的，而植物和其他美丽的物体被描绘成肉眼所见的景象 [12]。

根据詹姆斯·科纳的解释，二重投影图类似于同时考虑

10
F. Hamilton Hazelehurst, *Gardens of Illusion: The Genius of André Le Nôstre*, Nashiville: Vanderbit University press, 1980, p.377.

11
Mark Treib, "On Plans", in *Representing Landscape Architecture*, Marc Treib, ed., London: Taylor & Francis, 2008, p.114.

12
艾伦·S. 维斯在研究 17 世纪法国园林的形而上学特性时，曾关注过这两个视点的合成。勒诺特尔的花园和绘画结合了新古典主义风格，在平面图上表现出严格的对称和比例，即象征变换和扭曲的巴洛克式，也就是等距或透视图。Allen S. Weiss, "Dematerialization and Iconoclasm: Baroque Azure", *Unnatural Horizons: Paradox & Contradiction in Landscape Architecture*, New York: Princeton Architectural Press, 1998, pp.44–63; Allen S. Weiss, *Mirrors of Infinity: The French Formal Garden and 17th–Century Metaphysics*, New York: Princeton Architectural Press, 1995, pp.32–51.

13
James Corner, "Representation and Landscape: Drawing and Making in the Landscape Medium," *Word & Image: A Journal of Verbal/Visual Enquiry* 8(3), 1992, p.255.

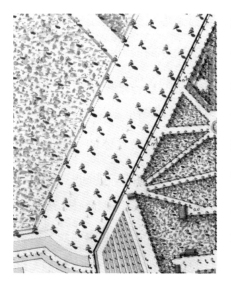

图 3-6
安德烈·勒诺特尔，大特里亚农花园平面，
1694 年
André Le Nôtre, Plan of the Grand Trianon
Gardens, 1694

地形平面和景观立面的整体性景观设计方式[13]。如果放大两个平面图的一部分，可以发现树木直立排列的样子会让人觉得仿佛是在以人眼来欣赏那座花园（图 3-6）。就像复制一棵树，再按一定的间隔粘贴复制一样，图中排列的树和影子有些不真实，甚至会让人对其线条产生错觉。这种视觉化绘图手法，似乎表现了在按几何秩序划分的设计场地上种植真实树木的行为本身。在这方面，勒诺特尔的绘图不仅具有精确测量的特征，即科学的工具性功能，而且通过在几何空间中填满美丽的植物，并将其与精准测量的平面图进行合成，让绘图又兼具了艺术想象性特征。

施工图绘制

除了平面图或剖面图等类型外，还有一种精确测量景观的绘图技术。一个典型的例子就是用来标记土地高低的等高线。地形的高低可以通过阴影处理来大致显示出来，但是基于精确数值的可视化绘图可以从等高线开始。等高线是由平均海面上相同高度的点连接而成的，实际上是不存在的假想线。至少在 19 世纪中期，景观平面图上就标出了等高线，熟悉其规律的人可以将平面图的景观视为立体的三维感知景观。例如，在阿道夫·阿尔封（Adolphe Alphand，1817—1891）于 1867 年绘制的肖蒙山丘公园（Parc des Buttes-Chaumont）平面图中，等高线分为两种，场地地形现状等高线使用黑色绘制，要更改的地形等高线使用红色标记（图 3-7）。这种类型的"测量图"和技术对于工程施工特别有用。18 世纪英国造园家威廉·肯特（William Kent，1685—1748）的克莱尔茫园（Claremont）绘图，以松散的透视图形式绘制（图 3-8）。在这里，虽然没有标记出确切的数值，但为土丘组成的地形变化添加了一条虚线，可以起到剖立面图的作用。

在当今的景观设计过程中，施工绘图的形式和功能与上述的绘图并没有太大的不同。为了将设计思想原封不动地融入空间中，需要基于具体的数值进行精密的绘图。景观设计师的基本愿景之一就是根据空间的性质，对土地进行适当的划分和变更。为了将景观设计师的愿景转移到实际空间，需要进行可视化过程，这时平面图、剖立面图、等高线等技术即成为准确绘制设计方案的忠实的科学工具。

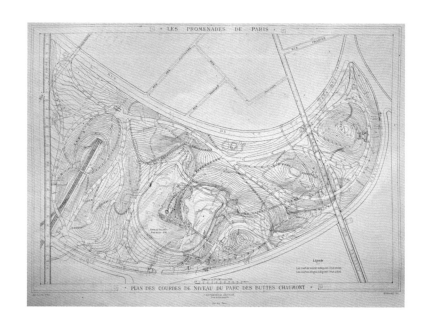

图 3-7
阿道夫·阿尔封，肖蒙山丘公园平面图，
1867–1873 年
Adolphe Alphand, Plan of Parc des
Buttes-Chaumont, 1867–1873

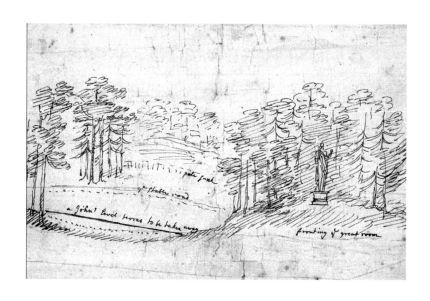

图 3-8
威廉·肯特，英格兰萨里克莱尔茫园
速写草图，1746 年
William Kent, Sketch for Landscape
Adjustments, Claremont, Surrey, England,
1746

– 4 –

风景画绘图

在韩国，"landscape"虽然被译为"景观"，但"landscape"一词一般是指风景或风景画。或许正因如此，如果将其与景观设计相邻领域的建筑或城市设计的图纸进行比较，就不难看出，景观设计图纸对充满绿色自然的风景形象极为重视（图4-1）。特别是在设计竞赛的参赛作品中，使用 Adobe Photoshop、Illustrator 等图形软件精心制作的图像，清晰地展现出景观设计的自然偏爱倾向。这些形象就像设计师用肉眼观察设计的景观一样，与风景画的形式大致类似，是任何不熟悉景观制图的人都能直观理解的有效沟通工具。

这种以风景画形式绘制的绘图被称为透视图。当然，正如第一章所述，基于线性透视法的透视图严格地说是属于平面图和立面图等投影绘图的类型。但是，在景观设计史中，

透视图倾向于松散地应用线性透视法，而且这种绘图类型与园林设计的样式直接相关，因此可被视为主要绘图类型之一。从18世纪的英国开始，在全欧洲流行的自然风景园的设计中，透视图作为主要的绘画类型出现。

图 4-1
West 8 和 Iroje 等人，治愈：未来公园，
龙山公园设计国际竞标赛，2012 年
West 8 and Iroje et al., Healing: The
Future Park, Yongsan Park Design
International Competition, 2012

从天空俯视地面的视角

　　如果说在 17 世纪之前的园林设计中主要使用平面图和立面图，那么在 18 世纪的英国的园林设计中，开始频繁使用类似风景画的素描，也就是透视图[1]。如果说前者是基于科学工具性的绘图类型，那么后者则是艺术想象力相对增强的可视化方式。当然，在 17 世纪，透视图在表现景观可视化时也很流行。但到了 18 世纪，人们的视线从天空俯视地面的鸟瞰点降到了人眼的高度。对人类的自然经验进行可视化绘图的尝试，不仅出现在景观绘画中，也出现在风景画中[2]。

　　随着视点下降到地面，在线性透视法中对风景的描绘更加自由。这些绘图的变化如实地反映了园林设计的变化。与前一章所考察的法国古典主义园林的严格几何秩序不同，弯曲的蛇形线已成为园林造型与设计的原则。当游客沿着弯曲的道路行走时，他们会体验到栽培的植物或点景物被遮住后又重新出现的一系列景观变化[3]。有些景点的修建，是为了让所设计的景观能像一幅风景画一样被观看和欣赏，所以这一时期的园林被称为"自然风景园（landscape garden）"。例如，被称为自然风景园式园林杰作的斯托海德风景园

1
直到 20 世纪初期，透视图在建筑绘图的历史中都被认为不如平面图和立面图。韩国建筑师 Hyung-Min Pai 认为，直到 20 世纪初期，在学术界，透视图都并不重要，透视图主要是作为设计实践中说服客户的手段。(Hyung-Min Pai, *The Portfolio and the Diagram*：*Architecture*，*Discourse*，*and Modernity in America*，Cambridge，MA：The MIT Press，2002，p.29). 詹姆斯·科纳也认为，在建筑绘图中，透视图被认为不如平面图或立剖面图。因为平面图和立剖面图被视为象征建筑理念的存在论绘画，而透视图被认为是在纸上表现的单纯程度。(James Corner，"Representation and Landscape：Drawing and Making in the Landscape Medium"，*Word & Image*：*A Journal of Verbal/Visual Enquiry* 8(3)，1992，p.255).

2
John Dixon Hunt, *Greater Perfections*：*The Practice of Garden Theory*，Philadelphia：University of Pennsylvania Press，2000，p.42；John Dixon Hunt，*The Figure in the Landscape*：*Poetry*，*Painting*，*and Gardening during the Eighteenth Century*，Baltimore：The Johns Hopkins University Press，1989，pp.201-204.

3
在英国风景园林设计中，园林的模型是自然，曲线被视为表达自然形态的语言。William Hogarth, *The Analysis of Beauty*，Ronald Paulson，ed.，New Haven：Yale University Press，1997.

（Stourhead），其构图类似于 17 世纪由历史风景画家克洛德·洛兰（Claude Lorrain，1600—1682）绘画的"德洛斯地区景观（Landscape with Aeneas at Delos）"，此时松散的透视图比平面图或立面图更适合描述人在这样一个花园中的游览体验。

威廉·肯特的绘图

威廉·肯特（William Kent，1685—1748）的图绘忠实地反映了其时的绘画倾向（图 4-2）。这张图是提议改造克莱尔茫园景观时绘制的，描绘了位于中心的主要设计对象——湖泊和建筑（奇斯威克宫）。众所周知，肯特是一位擅长园林、表演舞台、建筑、绘画、家具设计等多个领域的综合艺术家。因此，他擅长准确的投影和图像描述，例如建筑平面图和立面图的绘制。有趣的是，在园林设计中，他留下的园林图绘多是主要基于图画描绘的松散透视图形式的素描草图。

在这幅图上（图 4-2），人物被描绘在前景中，中景和远景中的景观被描绘得看起来像是逐渐后退的样子，整体上形成了一幅风景画般的构图。它没有使用严格的线性透视，而是将注意力集中在将要设计的空间的氛围表现上。在图的中央，描述了主要的设计内容——建筑（奇斯威克宫）。在该绘图中，发现了几种当今景观设计中所使用的透视图技术的几个示例。景观学家约翰·迪克森·亨特（John Dixon Hunt）关注并研究了肯特绘画中人物和景观的表现。根据亨特的说法，肯特将人物分为观察景观的观众和使用景观的演员，展示了将要设计的景观的功能，而景观被表现为这些人物活动的舞台[4]。通过这种将人物和景观进行可视化绘制的方式，肯特将舞台背景解读为一个三维空间，从而展示了他作为舞台导演的才能[5]。

4
John Dixon Hunt, *Gardens and the Picturesque*: *Studies in the History of Landscape Architecture*, Cambridge, MA: MIT Press, 1992, p.42.

5
Erik de Jong, Michel Lafaille, Christian Bertram, *Landscapes of the Imagination*: *Designing the European Tradition of Garden and Landscape Architecture 1600–2000*, Rotterdam: NAi Publishers, 2008, p.66.

图 4-2
威廉·肯特，关于改造克莱尔茫园中的湖和建筑景观的方案，1729–1738 年
William Kent, Proposal for landscape with lake and cascade house at Claremont,1729–1738

威廉·肯特绘图的混合性

在肯特的绘图中，引人注目的是各种绘画类型的混合方式。总体而言，他采用了松散透视图的形式，但如果仔细观察则会发现，其透视画可以合成一个精确的剖立面图。虽然中央的构筑物看起来并不是基于精确的数值绘制的，但却遵循了正面投射的立面图形式，周围景观以松散的透视图形式表现得像风景画的底图。虽然看不到合成的痕迹，但显然肯特对建筑和景观有着不同的认知，这种认知的差异似乎通过绘图表现了出来。也就是说，景观是想象性的，建筑物是工具性的，它们被合成在同一张图纸上，且并没有产生任何异质感。这种合成方式，在肯特的其他园林绘图中也经常出现（图 4-3）。在上一节中描述的肯特的克莱尔茫园图绘，虽然在整体上使用了松散的透视图形式加以绘制，但其地形的变化却是以剖面图的形式处理的。此外，对于图中建筑物是否占据了景观的中心的问题，以及包括土地在内的景观是否被视为次要的问题，也是值得深究的。

精通各种绘画技法的肯特，在园林设计中唯独坚持使用绘画性的制图方式的理由又是什么呢？这可能是因为很难通过平面图和剖立面图绘制出风景画式园林所具有的具

备曲线特征的地形。适合描绘自然风景园的曲线型立体地形，以及类似风景画的园林的绘图类型是透视图。正如马克·特拉夫所说的，如果勒诺特尔的维孔特城堡能够很好地用平面图来表达，那么斯托海德风景园地形高低的三维景观将很难使用平面图来进行可视化描绘，平面图可将二维景观可视化，但却无法良好地表现类似斯托海德风景园的三维地形[6]。

图 4-3
威廉·肯特，Cascade 设计，奇斯威克，1733-1736 年
William Kent, Design for the Cascade, Chiswick, 1733-1736

6
Mark Treib, "On Plans", in *Representing Landscape Architecture*, Marc Treib, ed., London: Taylor & Francis, 2008, p.114.

兰斯洛特·布朗绘制的平面图

当然，在自然风景园的设计中并没有都使用透视图来表现景观，平面图仍然起到了展示景观总体概貌的作用。万能的兰斯洛特·布朗（Lancelot "Capability" Brown，1716—1783），就经常使用平面图来显示地形的变化和植物的分布，如图 4-4。该图

图 4-4
兰斯洛特·布朗，剑桥郡温坡庄园的湖泊和公园北部延伸区的设计，1767 年
Lancelot Brown, Design for the lakes and northern extension of the park at Wimpole, Cambridgeshire, 1767

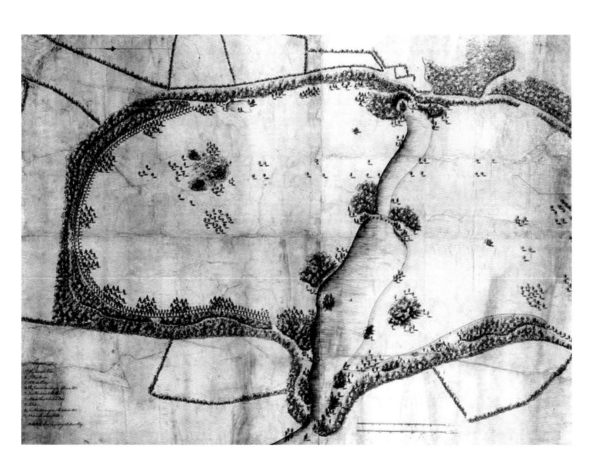

是为建议改造温坡庄园（Wimpole Hall）的湖泊和周围的草原景观而绘制的。如果是平面图的话，应该对景观的所有要素进行正投影，但当放大这幅图便会发现，植物是以正面的样貌被绘制于图上的。在第2章中介绍的二重投影（planometric）技术，即土地被绘制为平面图的形式，而植物和建筑元素则以立面的形式绘制于平面图之上，混合了两种制图技术。与勒诺特尔一样，布朗也展示了使用二重投影技术表现植物的方式。如果勒诺特尔是在没有一点误差的情况下，以一定的间隔排列植物素材，那么布朗则展示了多种植物的群植方式。虽然树木是使用相同的技术绘制的，但具体的种植安排是根据花园风格以不同的方式展现出来的。

汉弗莱·雷普顿的红皮书图纸

汉弗莱·雷普顿（Humphry Repton, 1752—1818）制作了名为《红皮书》的景观速写本，精心描述了设计之前和之后的景观，并将其作为说服客户的交流手段。合上纸盖的时候是景观现状，打开纸盖的时候是设计之后的样子（图4-5）。纸盖的痕迹肉眼是看不见的，所以纸盖打开之前和打开之后的景观看起来像是两幅截然不同的风景画。

图 4-5
汉弗莱·雷普顿，位于伯克希尔的珀利，
1793 年
Humphry Repton, Purley in Berkshire,
1793

图 4-6
罗伯特·巴克，伦敦全景，1792 年
Robert Barker, A Panorama of London,
1792

　　雷普顿的绘画比例与前面所述的 18 世纪初中期不同。与传统绘画不一样，全景画具有较长的横向篇幅，在 18 世纪末的欧洲，它已经成为描述城市和景观的流行媒介（图 4-6）。雷普顿使用了全景图来展示景观的视觉体验特征。在图 4-7 中，大约有四分之三的景观被封面覆盖，只有一部分是可见的，而翻开封面就会发现它是全景图的一部分。雷

普顿展示了一个事实——景观不仅限于在画的框架中被欣赏，也可以像全景画一样，在一个水平向横向展开的长视角中被体验[7]。

　　在雷普顿的绘图中，并没有发现混合化的绘图技法。与我们之前看到的设计师不同，雷普顿的速写草图强调运用透视法，并且在某些平面图中，以俯视图的方式绘制了植物，并使用了适当的剖面图进行地形分析（图4-8）。这是因为雷普顿处在一个比上一历史时期更重视科学工具性的过渡时段。而到了19世纪中期，当奥姆斯特德确立了风景园林这一专门领域时，俯视图的运用正在完全取代基于二重投影技术绘制的设计图。

图 4-7
汉弗莱·雷普顿，什罗普郡阿廷厄姆
景观草图，1798 年
Humphry Repton, Sketches for Attingham
in Shropshire, 1798

7
André Rogger, *Landscapes of Taste*：*The Art of Humphry Repton's Red Books*, London：Routledge, 2007, pp.161–162.

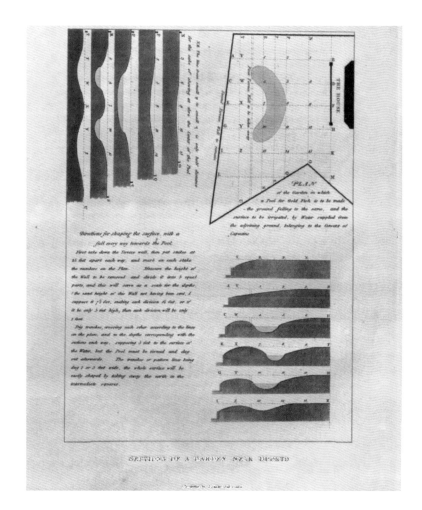

图 4-8
汉弗莱·雷普顿，波尔图附近花园的
一部分，1816 年
Humphry Repton, Sections of a Garden
near Oporto, 1816

−5−

第一幅景观绘图

1

关于英语"landscape architect/ure"
的起源和专业领域的诞生过程的
研究，请参考以下文献：Joseph
Disponzio，"Landscape Architect/ure：
A Brief Account of Origins"，*Studies
in the History of Gardens & Designed
Landscapes* 34(3)，2014，pp.192–200；
Charles Waldheim，"Landscape as
Architecture"，*Studies in the History of
Gardens & Designed Landscapes* 34(3)，
2014，pp.187–191. 关于韩国语"造景"
的名称和专门领域的成立过程的研究
请参照以下文献：우성백（Woo Sung-
Baek），"전문 분야로서 조경의 명칭과 정
체성 연구"，서울대학교 석사학위논문，
2017.

图 5-1

奥姆斯特德和沃克斯，以"草坪"为
主题的中央公园设计，1858 年
Frederick Law Olmsted and Calvert Vaux，
The Greensward Plan of Central Park，
1858

19 世纪中期,美国发生了一些与景观设计相关的大事件。首先确立了风景园林这一专门领域。在韩国,"造景家或造景学"根据英语"landscape architect/ure"翻译而来,从而逐渐确立了该专门领域的学科身份[1]。严格来说,这是第一个"景观设计"制图的绘图时期。前面讨论的大部分绘图类型,根据其用途进行了专门化。在设计竞赛的绘图中,使用了便于与公众交流的透视图作为重要图纸;为了满足工程建造的需要,使用了准确填写数字信息的平面图和立面图等投影图进行施工。当前在景观规划和设计中,频繁使用的景观信息分析图和地图叠加技法也首次出现在这一时期。

纽约中央公园竞标图纸

当我们提到公园时，最先想到的地方之一的纽约中央公园就是在这个时期建成的。在 1857 年进行的纽约"中央公园设计（Plans for the Central Park）"竞标中，弗雷德里克·劳·奥姆斯特德（Frederick Law Olmsted, 1822—1903）和卡尔弗特·沃克斯（Calvert Vaux, 1824—1895）提出了"草坪（Greensward）"设计方案（图 5-1）。在 33 个参与竞标的作品中，最晚提交的"草坪（Greensward）"方案，由宽 8 英尺、长 3 英尺的总体规划平面图和 12 张解释总体规划的插图（其中的 11 张保留至今），以及设计说明书组成 [2]。

从奥姆斯特德和沃克斯的绘图中可以看出，他们的设计

2

Morrison H. Heckscher, *Creating Central Park*, New York：The Metropolitan Museum of Art, 2008, p.26. "草坪"计划的设计说明如下：Charles E. Beveridge and David Schuyler, eds., *The Papers of Frederick Law Olmsted*：Volume III, *Creating Central Park 1857–1861*, Baltimore：The Johns Hopkins University Press, 1983, pp.117–187.

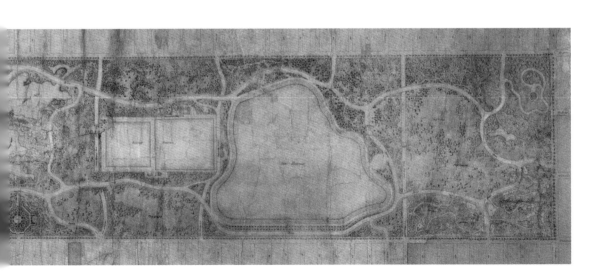

方案受到了早期英国自然风景园设计风格的影响。在总体规划中看到的蜿蜒的道路和草地茂密的绿野公园地形让人联想到了风景画式的园林，从公园的主要观景点可以看到的风景，以及通过透视图得以表现的公园的整体风貌，很好地展示了奥姆斯特德和沃克斯所要营造的中央公园的氛围[3]。

"草坪（Greensward）"设计方案的总平面图和其他参赛作品一样，根据竞赛指南使用了墨线绘制，呈现棕褐色调。然而，在描述场地现状和设计后的 9 对图像中，有 3 对图像是通过油画的形式精心绘制的（图 5-2 ～图 5-4）[4]。这种绘画手法可能是受到了哈德逊河画派（Hudson River School）的影响，将美国的荒野风光融入画幅中[5]。

有趣的是，在现存"草坪（Greensward）"方案的设计绘图中，除了总平面和另一张绘图外，其他所有绘图都采用了透视图的形式。在另一张绘图中，上部的花园拱廊建筑被绘制为立面图，下部花园被绘制为平面图[6]。因为这些元素是公开设计竞标指南规定的必要要求，但在赢得比赛后，它们从奥姆斯特德和沃克斯的详细设计图纸中消失了。可能奥姆斯特德和沃克斯想把中央公园打造成一个由多幅风景构成的完美如画的公园。

3
奥姆斯特德和沃克斯的"草坪(Greensward)"设计方案受到了英国自然风景园样式的影响，但追求的是稍有不同的美学。如果说 18 世纪初在英国流行的自然风景式园林指向牧歌式的风景，那么"草坪(Greensward)"设计方案反映了欣赏牧歌式的风景和美国粗犷而未被涉足的野生地的自然文化。通常把 18 世纪到 19 世纪初的英国园林组合在一起，称之为自然风景式园林，并倾向于用图像美学来说明这些园林所体现的牧歌式风景。但从严格意义上讲，"如画的 (picturesque)"是 18 世纪末英国业余园林理论家威廉·吉尔芬 (William Gilpin, 1724–1804)、尤夫戴尔·普赖斯 (Uvedale Price, 1747–1829)、理查德·佩因·奈特 (Richard Payne Knight, 1750–1824) 就园林设计方法展开争论而形成的一个美学范畴。他们提出了第三个范畴"如画风景"，以说明当时处于支配性审美范畴的美和崇高中间的自然的特征。"如画的 (picturesque)"在一定程度上驯服了无法控制的自然的崇高特征，大致上意味着自然的"崎岖、粗糙和突然的变化"。这种图像艺术美学或被驯服的崇高美学在 19 世纪被美国接受，适用于超越主义自然文学和哈德逊河画派的绘画，演变为追求在野生自然中冥想欣赏的超越性崇高。奥姆斯特德和沃克斯想在中央公园创造的自然是反映了美国崇高美学的自然。请参考以下文献：이명준·배정한 (Lee Myeong-Jun, Pae Jeong-Hann), "숭고의 개념에 기초한 포스트 인더스트리얼 공원의 미학적 해석", 『한국조경학회지』40(4), 2012, pp.78–89.

4
"草坪(Greensward)"设计方案之所以被评价为具有创新性，是因为它将穿过公园的道路隐藏在公园下面，使其不被看见，并将人行道的类型设计得多样而有机。作为对公开征集作品的说明，请参考以下内容：Charles E. Beveridge and Paul Rocheleau, *Frederick Law Olmsted*; *Designing the*

American Landscape, New York: Rizzoli
International Publications, 1995, pp.54-
55; Sara Cedar Miller, *Central Park, an
American Masterpiece: A Comprehensive
History of the Nation's First Urban Park*,
New York: Abrams, 2003, pp.81-88;
Morrison H. Heckscher, *Creating Central
Park*, New York: The Metropolitan
Museum of Art, 2008, pp.20-24.

5
奥姆斯特德和沃克斯在设计和建造中
央公园时受到了哈德逊河画派的影
响。例如，沃克斯的妻子玛丽·麦克
恩蒂 (Mary McEntee) 的哥哥是哈德
逊河画派的杰维斯·麦克恩蒂 (Jervis
McEntee，1828-1891)，奥姆斯特德和
沃克斯请求他画"草坪 (Greensward)"
设计方案的设计之前和之后的绘图。
另外，奥姆斯特德和沃克斯还与哈德
逊河画派的著名画家弗雷德里克·丘
奇 (Frederic Edwin Church，1826-1900)
有过交情。根据 1871 年沃克斯的提案，
奥姆斯特德曾任命丘奇为中央公园工
程监督委员。Mark R. Stoll, *Inherit the
Holy Mountain: Religion and the Rise of
American Environmentalism*, New York:
Oxford University Press, 2015, p.98.

6
Morrison H. Heckscher, *Creating Central
Park*, New York: The Metropolitan
Museum of Art, 2008, p.54.

图 5-2
奥姆斯特德和沃克斯，以"草坪"为主题的中央公园设计，1858 年
Frederick Law Olmsted and Calvert Vaux, The Greensward Plan of Central Park, 1858

图 5-3
奥姆斯特德和沃克斯，以"草坪"为主题的中央
公园设计，1858 年
Frederick Law Olmsted and Calvert Vaux, The
Greensward Plan of Central Park, 1858

图 5-4
奥姆斯特德和沃克斯，以"草坪"为主题的中央
公园设计，1858 年
Frederick Law Olmsted and Calvert Vaux, The
Greensward Plan of Central Park, 1858

被称为照片的机械绘图

在以"草坪"为主题的中央公园设计图纸中，引起人们注意的不是手绘图纸，而是运用机械媒介获得的照片，它们开始出现于设计绘图中。照片是当时出现的最新科技，而"草坪（Greensward）"设计方案可能是最早利用照片作为景观绘图的案例之一。在表示设计场地的现状和建成后的两对绘图中（图 5-3、图 5-4），景观现状被处理成了照片。这些照片可能是由被认为是美国早期的著名摄影师马修·布雷迪（Mathew Brady，1822—1896）拍摄的[7]。

与任何其他可视化媒介相比，摄影具有更强的证明现实的能力。绘图中描绘的事物可能存在也可能不存在于世界上，或者实际上可能不会那样发生。但是，照片中的对象（如果照片没有被伪造的话）却是真真切切地存在于相机镜头前的，让人相信真实的现实对象和照片中拍摄的形象是一模一样的。奥姆斯特德和沃克斯巧妙地利用了这些照片所具有的实证景观现状的功能。在图 5-3 和图 5-4 中，分别排列了三幅图像。在顶部，总平面图以图例的形式缩小为小规模，并以木刻版印刷；在中间，一张捕捉现场现状的照片占据了很大比例；在底部，是一幅油画，展示了如果这里变成公园后会是什么样子。照片和油画是以透视图的形式为基础，分别呈

7
Morrison H. Heckscher, *Creating Central Park*, New York: The Metropolitan Museum of Art, 2008, pp.32–33.

正方形和半椭圆形，装饰着像一扇眺望世界的窗户一样的边框。在这里，摄影的可视化技术被当作一种工具来捕捉现场，以逼真的方式呈现景观现状。

新技术，对以往技艺的模仿

将捕捉现实的黑白照片与表达设计后愿景的景观绘图进行对比的方式也非常有趣。这种并置方法类似于前一章中介绍的雷普顿的绘图技巧。如果说雷普顿在一张画幅上亲手为设计场地在设计之前和之后的时间段进行了彩绘，那么奥姆斯特德就使用了一种叫作照片的机械形象来代替设计之前的场地的样子。单独出示一张设计场地的照片时，它的作用只是真实地展示场地当前的状态，但当它与描绘场地设计后形象的华丽油画并列时，又新增了另一个作用——具有辅助色彩华丽的油画的功能。换言之，黑白照片能从视觉上突出奥姆斯特德和沃克斯的设计方案。照片的尺寸比油画图像大得多（可以推测，这是早期照片的格式），因此首先映入观者眼帘的是照片呈现出的场地现状杂乱无章的样子，但是很快观者的视线会被这幅精心上色的油画所吸引，即奥姆斯特德和沃克斯对中央公园的设计愿景[8]。

8
这种设计之前和之后的图像合并方式在其后被继续使用。在 20 世纪初，连设计后的形象都被照片所取代。据蒂莫西·戴维斯的说法，这一时期的景观改革家 (landscape reformer) 为了使包括布朗克斯河公园大道 (Bronx River Parkway) 在内的他们的项目正当化，对比了设计之前和之后的照片。Timothy Davis, "The Bronx River Parkway and Photography as an Instrument of Landscape Reform", *Studies in the History of Gardens & Designed Landscapes* 27(2), 2007, pp.113–141.

像这样，照片第一次出现在景观设计图纸上时，主要起到了现场调查工具的作用。1859 年，在赢得中央公园设计竞标赛的第二年，奥姆斯特德开始了对欧洲的游历考察。考察后，他在给中央公园委员会的一封信中写道，他在旅途中购买了各种图纸、文件、书籍和照片[9]，还请了英国早期著名摄影师罗杰尔·芬顿（Roger Fenton，1819—1869）为伦敦摄政公园（Regent's Park）拍摄了照片，并收到了 48 张摄政公园的照片（图 5-5）[10]，这些资料和公园照片可以作为创建中央公园时的示例图片来使用。另外，从中央公园委员会的

9
Charles E. Beveridge and David Schuyler, eds., *The Papers of Frederick Law Olmsted*; *Volume* Ⅲ, *Creating Central Park*, 1857–1861, Baltmore: The Johns Hopkins University Press, p.235.

10
Charles E. Beveridge and David Schuyler, eds., *The Papers of Frederick Law Olmsted*; *Volume* Ⅲ, *Creating Central Park*, 1857–1861, Baltinore: The Johns Hopkins University Press, p.242.

图 5-5
罗杰尔·芬顿，摄政公园动物园，1858 年
Roger Fenton, Zoological Gardens, Regent's Park, 1858

11

Morrison H. Heckscher, *Creating Central Park*, New York: The Metropolitan Museum of Art, 2008, p.39.

12

利用照片作为记录现实手段是在建筑行业中发生的现象。据韩国建筑师 Pai Hyung-Min 的说法，建筑照片在 1880 年代末开始被广泛使用，这时照片起到了模仿图纸的功能，即测量绘图的作用。Hyung-Min Pai, *The Portfolio and the Diagram: Architecture, Discourse, and Modernity in America*, Cambridge, MA: The MIT Press, 2002, p.30.

13

James S. Ackerman, "The Photographic Picturesque", in *Composite Landscapes: Photomontage and Landscape Architecture*, Charles Waldheim and Andrea Hansen, eds., Ostfildern: Hatje Cantz, 2014, pp.36–53.

14

威廉·吉尔平的"如画的"公式是在包括克劳德·洛林 (Claude Lorrain) 和萨尔瓦特·罗莎 (Salvator Rosa) 在内的 17 世纪画家的影响下形成的。James S. Ackerman, "The Photographic Picturesque", in *Composite Landscapes: Photomontage and Landscape Architecture*, Charles Waldheim and Andrea Hansen, eds., Ostfildern: Hatje Cantz, 2014, p.42.

年度报告书中可以看出，照片代替了石版印刷品，用来展现公园的现状 [11]。通过这种方式，早期的照片成为一种记录设计场地的手段。照片较手绘而言能够更简单、更准确地呈现场地，也就是说，照片起到了精确绘图的作用 [12]。

有趣的是，早期摄影师们对照片的构图和表现方式，大多来源于以往的绘画和对于风景的描写 [13]。例如，英国早期摄影师借用了画家托马斯·庚斯博罗（Thomas Gainsborough，1727—1788）、威廉·透纳（William Turner，1775—1851）、约翰·康斯太勃尔（John Constable，1776—1837）的风景画构图，以及 18 世纪末开始发行的受大众欢迎的英国游记和导游书中的绘图，尤其是园林理论家威廉·吉尔平（William Gilpin，1724—1804）建议的如画的风景（picturesque）的构图方式 [14]。可以说，当时的最新技术——摄影，模仿了以前的视觉文化技术。

终于有了第一幅景观绘图

这一时期的绘图之所以被称为第一幅景观设计绘图，不仅是因为此时出现了风景园林这一专业领域，还因为几乎现存所有景观设计中使用的绘画技术，都在这一时期被使用过。各种绘画技法通过逐渐加强各自的功能而专业化，并根据设计目的在恰当之处得以使用。我们之前看到的中央公园设计竞赛的图纸，包括总平面图和透视图（不包括分析图），绘制得像一幅画一样，以便公众可以很容易地识别它作为参与设计竞赛的原始绘图的功能。为了施工需要所使用的平面图和立面图，追求基于数值的准确性。例如，在 1859 年中央公园委员会的第二份年度报告书所收录的平面图中（图 5-6），竞赛时总体规划平面图中显示的植物纹理和地形阴影等图形描绘被移除，取而代之的是能够准确绘制地形高程的规则的等高线，将场地的原始地形以 10 英尺间隔的红色等高线表示，公园内尚未建成的动线以虚线绘制[15]。除此之外，还利用剖面图展示了中央公园的戏剧性地形和改建计划（图 5-7）。

据悉，19 世纪下半叶，在地图上创建和叠加景观信息的技术，即地图叠加法，被用于景观设计。在由奥姆斯特德和艾略特共同创办的景观设计事务所中，设计师查尔斯·艾略特（Charles Eliot，1859—1897）和沃伦·曼宁（Warren Manning，1869—1938）等将波士顿大都会公园系统（Boston Metropolitan Park System）的地质、地形、植被绘图与从事务所大楼建筑窗外射进来的阳光进行系统性的叠加，并用于设计[16]。

15
Morrison H. Heckscher, *Creating Central Park*, New York: The Metropolitan Museum of Art, 2008, pp.39–40.

16
据悉，对地图叠加法进行说明的最早事例是埃利奥特的父亲查尔斯·威廉·埃利奥特 (Charles William Eliot, 1834-1926) 在 1902 年儿子死后，对儿子的工作进行解说的著作。Frederick Steiner, "Revealing the Genius of the Place: Methods and Techniques for Ecological Planning", in *To Heal the Earth: Selected Writings of Ian L. McHarg*, Ian L. McHarg and Frederick Steiner, eds., Washington, DC: Island Press, 1998, pp.203–204; Charles William Eliot, *Charles Eliot, Landscape Architect*, Boston: Houghton Mifflin, 1902.

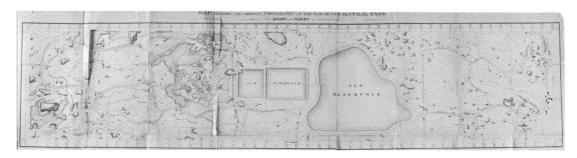

图 5-6

弗雷德里克·劳·奥姆斯特德、卡尔弗特·沃克和 W.H. 格兰特，显示中央公园遗址原始地形的地图，以及正在施工的道路和人行道示意图，1859 年

Frederick Law Olmsted, Calvert Vaux, and W. H. Grant, Map Showing the Original Topography of the Site of the Central Park with a Diagram of the Roads and Walks Now Under Construction, 1859

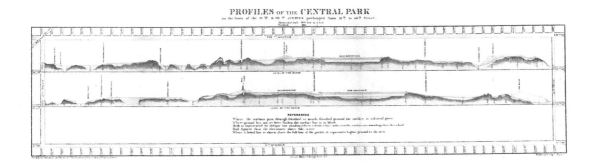

图 5-7

弗雷德里克·劳·奥姆斯特德、卡尔弗特·沃克和 W.H. 格兰特，中央公园简介，1860 年

Frederick Law Olmsted, Calvert Vaux, and W. H. Grant, Profiles of the Central Park, 1860

　　19 世纪中后期，当景观美化开始作为城市设计的专门领域时，需要一种可以准确描绘大型设计场地的复杂而多样化信息的工具性可视化技术，以及具有增强工具性的新技术，例如轮廓线和地图叠加法。此时，植物的绘制方式也发生了改变。在追求准确性的平面图上，将植物的正面像绘画一样

在平面上绘制的二重投影（planometric）技术被认为是一种不正确的绘制方法，树木开始以圆圈的形式绘制（图5-8、图5-9）。在中央公园的任何平面图上都找不到二重投影图的身影，平面图已完全取代二重投影图。此时，植被被认为是与建筑物及地形同等的个体被还原到平面图上。同时，展示景观的平面和正面的三维立体想象形式的景观设计绘图消失了。

图 5-8
弗雷德里克·劳·奥姆斯特德和卡尔弗特·沃克斯，以"草坪"为主题的中央公园设计，1858 年
Frederick Law Olmsted and Calvert Vaux, The Greensward Plan of Central Park, 1858

图 5-9
弗雷德里克・劳・奥姆斯特德，美国
国会大厦平面图，1875 年
Frederick Law Olmsted, U. S. Capitol
Grounds Plan, 1875

绘制设计策略

设计时最先绘制的图像类型可能是分析图（diagram）。设计师会考虑设计场地的各种信息，并使用线条简单地勾勒出设计理念和创意。在地图上标出场地的自然、文化、历史、经济、社会等各种现状以帮助人们充分理解场地，从而能够进行合理且创意性的想象，并表现出对场地使用功能的理想性设计意图。这种设计过程中的想象逐渐演变并趋于具体化，最终以平面图、立面图和透视图的形式完成绘制。

字典中对于分析图的解释是"显示某物的外观、结构或操作的简化图，即示意图（schematic representation）"，或"以图形形式绘制某种事物的行为"[1]。从这个意义上来说，简单的平面图、立面图和透视图都包含在分析图之中。然而，在

1

https://en.oxforddictionaries.com/
definition/diagram

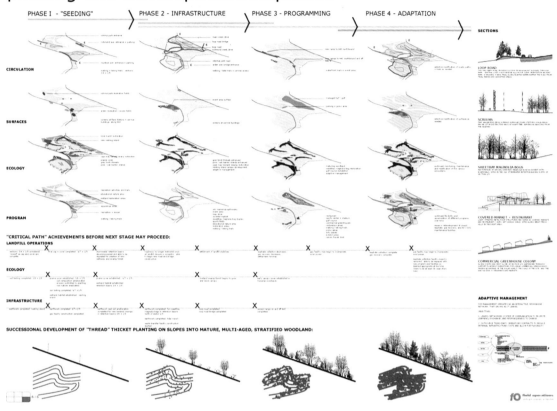

图 6-1
詹姆斯·科纳 / 菲尔德建筑事务所，生命景观，2005 年
James Corner / Field Operations,
Lifescape, 2005

景观设计中，分析图并不是一种僵化的图绘，通常用于表示难以在平面图、立面图和透视图中表达的元素。例如，对不可见的景观要素、景观动态、景观生态和文化活动等这些元素之间的关系，以及随着时间的流逝而产生的景观变化、设计策略进行的可视化绘制，即可被称为分析图（图 6-1）。因此，与其他绘图类型不同，分析图不一定要与景观的外

观相类似，其主要作用是将设计方案的内在逻辑用图示的方式像讲一个故事一样娓娓道来。

综合绘图（mapping）技法与分析图的绘制方法相类似，也是一种混合了多种绘图类型的制图方法。综合绘图的字面意思，即指"制作地图"，或是"为了设计新场地而创建的地图"[2]。综合绘图是一种以地图形式简单表示多个景观信息的绘图方式，包含在分析图中（图6-2）。在景观设计中，"综合绘图"一词之所以像分析图一样常用，可能是因为景观设计中包含了大量改造土地的工作。可以说，景观设计领域的分析图即为一种综合绘图。在这一层面上，也许可以将景观设计看作一个创建新地图的工作门类。

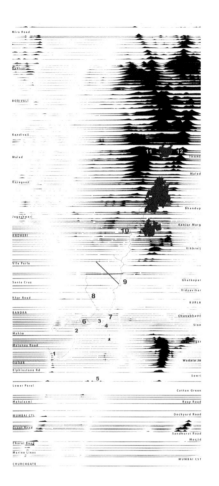

图6-2
阿努拉达·马图尔和迪利普·达·库尼亚，浸泡：河口中的孟买，2009年
Anuradha Mathur and Dilip da Cunha, *Soak: Mumbai in an Estuary*, 2009

2
纳迪亚·阿莫罗佐在对绘图类型进行分类时将分析图和综合绘图视为一个类别。(Nadia Amoroso, "Representations of the Landscapes via the Digital: Drawing Types", in *Representing Landscapes: Digital*, Nadia Amoroso, ed., London: Routledge, 2015, pp.4-5.) 另外，安德烈亚·汉森说，"地图在广泛意义上是分析图的近义词"，这两种类型在"以明确复杂事物为目的的抽象化或简单化为视觉化这一点上具有相似性"。他认为，将两个范畴分开比混用更有必要。(Andrea Hansen, "Datascapes: Maps and Diagrams as Landscape Agents," in *Representing Landscapes: Digital*, p.29.) 韩国学者 Pae Jeong-Hann 将综合制图 (mapping) 视为分析的一种形式，而 Zoh Kyung-Jin 则认为分析图可能与某一地点相关，也可能不相关，但综合制图必然与特定地点相关。(배정한 (Pae Jeong-Hann)，『현대 조경설계의 전략적 매체로서 다이어그램에 관한 연구』，『한국조경학회지』34(2), 2006, p.102; 조경진 (Lon Kyung-Jin), "환경설계방법으로서의 맵핑에 관한 연구"，『공공디자인학연구』1(2), 2006, pp.77-78.) Jang Yong-Soon 将架构视图视为思考无形和复杂关系的工具，并将现代图绘类型分为三类。一是显示网络、运动线路和基础设施的连接图，二是显示分区和程序安排的集合论图，三是显示空间数据的可视化数据条或随时间变化和潜在性的变异分析图。而且，在这些现代图绘之前有一个构想性概念图，它包括平面图、剖面图、立面图和透视图。(장용순 (Chang Yong-Soon)，『현대 건축의 철학적 모험: 01 위상학』，미메시스, 2010, pp.117-145.)

美国现代主义分析图

如果从广义上来考察景观设计中的"分析图"和"综合绘图",则可以说它们的起源与绘画的历史是同步的。前面提到的肯特的绘图,即在透视图格式中绘制了地形变化的虚线图,或者是雷普顿绘制的剖面图,与今天景观设计中使用的分析图有相似之处。奥姆斯特德也留下了一些进行景观设计时绘制的分析图(图6-3、图6-4)。

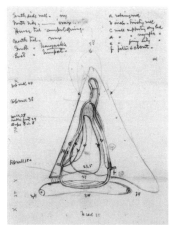

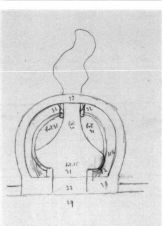

图 6-3
弗雷德里克·劳·奥姆斯特德,美国国会大厦的设计图
Frederick Law Olmsted, Design Diagrams for U.S. Capitol

图 6-4
弗雷德里克·劳·奥姆斯特德,美国国会大厦的设计图
Frederick Law Olmsted, Design Diagrams for U.S. Capitol

然而,分析图是在 20 世纪初美国现代主义景观设计师加勒特·埃克博(Garrett Eckbo,1910—2000)、詹姆斯·C.罗斯(James C. Rose,1913—1991)、丹·凯利(Dan Kiley,1912—2004)的绘图中才真正出现的。为了向客户和其他人展示他们的设计策略,他们开始精心绘制分析图。在设计过程中,与

其他绘图类型一起，分析图开始被视为一种重要的设计可视化方法。

　　埃克博用分析图展示了植物的规划设计（图 6-5）。这种平面图形式的绘图之所以称为分析图，是因为该绘图可以将植物信息可视化为一种简单的符号。如果之前的景观平面图上绘制的植物，其外观被画得看起来相当逼真，那么埃克博则是将每种植物类型的特征，如形状和纹理，都简化为简单的符号。在该平面图中，树木是以完美的顶视图进行可视化绘制的，并没有使用以往基于二重投影（planometric）技术进行的植物正面绘制的技法。这样的植物表达方式，将各

图 6-5
加勒特·埃克博，社区住宅，瑞萨达，
圣费尔南多谷，1948 年
Garrett Eckbo, Community Homes,
Reseda, San Fernando Valley, 1948

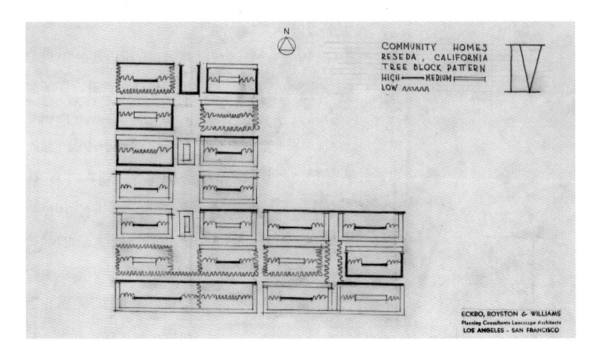

3
Dorothée Imbert, "The Art of Social Landscape Design", in *Garrett Eckbo: Modern Landscapes for Living*, Marc Treib and Dorothée Imbert eds., Berkeley: University of California Press, 1997, pp.152–154.

种复杂的信息用简单的规则符号表示了出来，使其既简洁又易于阅读[3]。

平行投影

在现代主义时期的绘图中，可以发现当今景观设计制图中经常出现的技法，即"平行投射（parallel projection）"的技术。轴测图是一种类似透视图的立体空间绘制方式。如果透视图是以观察者为中心在平面上绘制空间的话，那么轴测图则是通过将空间倾斜并将平行线投射到平面上得到的图像。因此，在透视图中，空间随着距离的增加而变小，而在轴测图中，空间在平面内被均匀而系统地进行了可视化呈现，不会产生任何扭曲和失真。埃克博在设计花园时经常绘制轴测图（图 6-6），在平面上客观地展示了花园的构成要素，并通过添加阳光和阴影来使花园的氛围得以可视化[4]。

4
Dorothée Imbert, "Skewed Realities: The Garden and the Axonometric Drawing", in *Representing Landscape Architecture*, Marc Treib, ed., London: Taylor & Francis, 2008, pp.135–136.

另一个有趣的因素是人。一般来说，在图纸中，人起着衡量景观规模和展示景观用途的作用。在第四章中介绍的威廉·肯特和汉弗莱·雷普顿的透视图素描中，绘图中的人扮演了自然地将绘图的观众引导到所设计的景观中的角色，更重要的是人有效地展示了景观的规模。景观绘图中对人物的

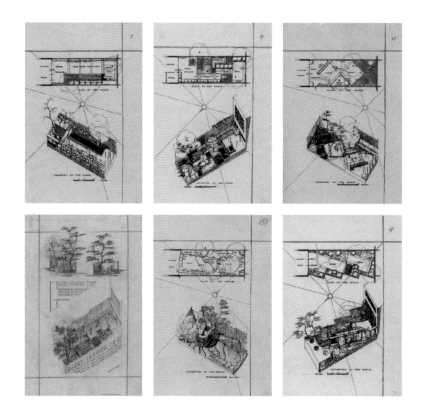

图 6-6
加勒特·埃克博，城市规划和等角视图中的小花园，1937 年
Garrett Eckbo, Small Gardens in the City-Plan and Isometric View, 1937

绘制实则受到了绘画的影响，用绘画术语来说，这样的人物被称为"画中点景（staffage）"，通常被描绘得非常逼真且细节详尽。与之不同的是，在埃克博的绘图中，人的外表被尽量简单地描绘了出来，并尽可能地省略了很多细节。在这里，人物主要起到指示被设计的景观的规模大小的作用，而不是展示景观的实际用途。在小规模的庭园绘图中，以人的体格为基准的人体比例尺相较于实际绘制于图纸中的比例尺

而言，实则能够更直观地显示出庭院的实际规模。

　　平行投影是一种在透视图的基础上进行延伸的绘图技术，如果考虑到它的用途和功能的话，它其实也可以被视为分析图。看到罗斯的景观设计绘图时，就会明白为什么这么说。罗斯将平行投影运用到了设计图纸的绘制中（图6-7），在这幅图中，庭园中的每个元素都以一定角度加以绘制，彼此分离并沿垂直轴叠加。景观历史学家多萝西·安伯特（Dorothée Imbert）解释说，这种手法体现了庭园要素之间的关系和各要素之间的可互换性。在这里，平行投影"作为研究庭园空间比例和空间中各种要素之间关系的工具，并在这一点上发挥着作为设计分析图的作用"[5]。

5
Dorothée Imbert, "Skewed Realities：The Garden and the Axonometric Drawing", in *Representing Landscape Architecture*, Marc Treib, ed., London：Taylor & Francis, 2008, p.137.

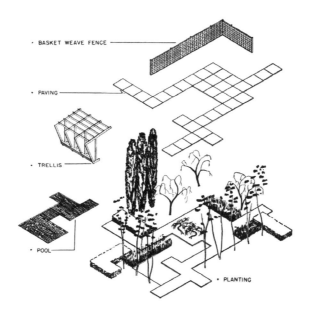

图 6-7
詹姆斯·罗斯，《妇女家庭》杂志社泳池花园，1946 年
James Roes, Pool Garden for *the Ladies Home Journal*, 1946

当今的平行投影

　　平行投射技术在现代数字化分析图中也经常出现。詹姆斯·科纳的分析图与美国现代主义设计师的平行投影形式相类似。科纳将美国弗莱士河公园（Fresh Kills Park）的各种文化、运动和生态功能分离并分别绘制了出来，然后将它们倾斜放置并重叠（图6-8）。平行投影图和分析图不仅在形态上而且在功能上都非常相似。通过分离每个元素，可视化绘制了公园各个元素之间的关系以及随时间的推移而产生的变化。景观设计师克里斯托弗·马钦科斯基（Christopher Marcinkoski）将这种近年来经常出现在数字化分析图中的技术称为"景观组块（landscape chunk）"，这种技术正在成为一种可以"说明随着时间变化而运作的由各景观要素复杂关联的景观系统的可读性手段"[6]。

　　我认为这种平行投影技术与二重投影技术具有相似的功能。主要是因为它显示了景观的立面外观，同时将植物和设施布置于平面上，这种做法和二重投影图极为相似。二重投影技术是通过将植物的立面置于一种被称为平面图的绘图形式中，在一张图中同时展示景观的平面与立面，那么平行投影技术能够在没有中使用二重投影技术的合成平面与立面的情况下，将植物和景观设施的平面布置与立面的外观一起可视化呈现（图6-9）。

6
Christopher Marcinkoski, "Chunking Landscapes", in *Representing Landscapes：Digital*, Nadia Amoroso, ed., London: Routledge, 2015, pp.109–111.

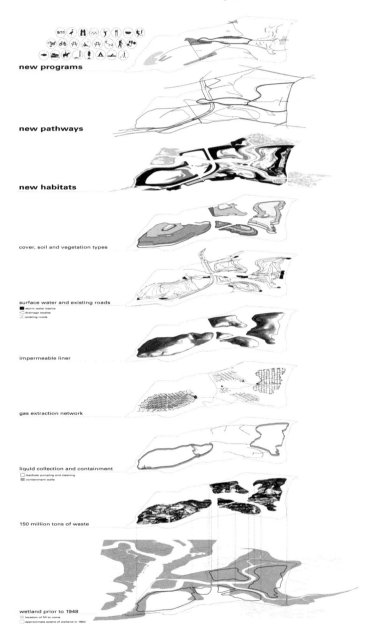

图 6-8
詹姆斯·科纳 / 菲尔德建筑事务所，
生命景观，2005 年
James Corner/Field Operations,
Lifescape, 2005

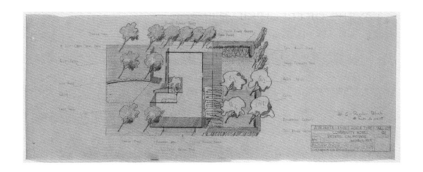

图 6-9
加勒特·埃克博，社区住宅，瑞萨达，
圣费尔南多谷，1948 年
Garrett Eckbo, Community Homes,
Reseda, San Fernando Valley, 1948

劳伦斯·哈普林，流动的可视化

　　景观图纸所绘制的景观的重要属性之一便是流动性。景观是不断地变化着的。植物、动物等自然世界，以及人类和文化形态是呈变动状态的，所以由这些要素所构成的景观也是活着的生命体。劳伦斯·哈普林（Lawrence Halprin，1916—2009）是探索描绘这种景观流动性分析图技巧的代表性景观设计师。他运用注解符号，即乐谱等符号标记法，描绘出了体验景观的独特方式。符号作为一种绘图类型，它就像钢琴乐谱、舞蹈记谱法和旅行时间表一样通过标记使人根据它的提示行动[7]。哈普林与他的妻子——编舞家安娜·哈普林（Anna Halprin，1920—2021）一起进行了一项景观表演工作，将一幅描绘景观中人物运动的分析图作为乐谱加以呈现，即所谓的"运动"（motation，即 movement 和 notation

7
James Corner, "Representation and
Landscape: Drawing and Making in the
Landscape Medium", *Word & Image：
A Journal of Verbal/Visual Enquiry* 8(3),
1992, pp.251, 255.

8

还有一种否定的观点认为，哈普林的符号不是参与性的，因为它指导人们的行为，而不是诱导开放工作的绘图。(Alison B. Hirsch, "Scoring the Participatory City：Lawrence (&Anna) Halprin's Take Part Process", *Journal of Architectural Education* 64(2), 2011, p.139.) 但是，哈普林的主张基本上是指示行动的，但同时也放松人们的行动，引导人们自由的行为。正如詹姆斯·科纳所说，哈普林的符号是一部引导大家参与的绘画作品，它以图形的形式展现了创造性行为的过程。(James Corner, "Representation and Landscape：Drawing and Making in the Landscape Medium", *Word & Image: A Journal of Verbal/Visual Enquiry* 8(3), 1992, p.256.) 正如玛戈特·莱斯特拉所主张的，哈普林包容了偶然性和自然的不确定性，将景观和人的变化万千的动态可视化。(Margot Lystra, "McHarg's Entropy, Halprin's Chance：Representations of Cybernetic Change in 1960s Landscape Architecture", *Studies in the History of Gardens & Designed Landscapes* 34(1), 2014, pp.71–84.)

的合成词）。比方说，该绘图中演示的表演者和观众的动作，被用作他们亲身体验景观的一种引导（图 6–10）。黑线指示表演者在哪里分组、在哪里自由移动，红线描绘观众在哪里停下来、在哪里缓慢移动。根据严谨而宽松的乐谱编舞，表演者和观众将在 45 分钟内调动各种感觉，走遍全场[8]。

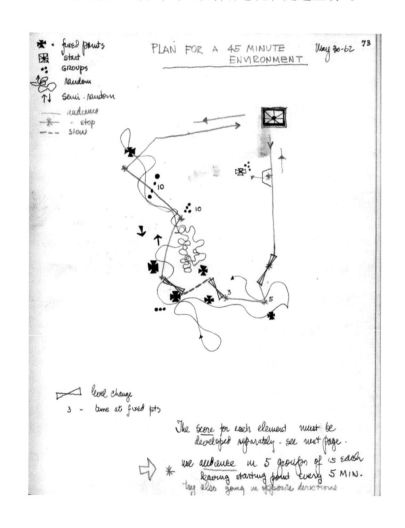

图 6–10
劳伦斯·哈普林，45 分钟环境规划，1962 年
Lawrence Halprin, Plan for a 45 Minute Environment, 1962

所谓的"运动",即为一个分析图。从形式上把空间的复杂运动简化为符号,从功能上也将设计者的想法可视化呈现。也就是说,它是一种描述空间和时间及其关系的时空数据景观(datascape)的图绘[9]。表现景观流动性的技术在当今的景观绘图中也经常出现,通常用于人文和生态元素的运动轨迹或预期方向(即动线)的可视化绘制。

9

Andrea Hansen, "Datascapes: Maps and Diagrams as Landscape Agents", in *Representing Landscapes: Digital*, Nadia Amoroso, ed., London: Routledge, 2015, p.30.

流程设计和分析图

从 2000 年前后至今,景观设计一直被当成一种策略来设计城市和景观变化的过程,因为它是为不确定的社会、政治、文化、经济和生态变化做准备的,而不是明确定义景观的外观形状。在绘图中,灵活的分析图逐渐显得比程式化的总平面图更为重要。随着时间轴被添加到景观绘图平面的空间轴上,各种可以绘制时空设计策略的分析图技术正在被探索。迄今为止所解释的现代主义者们的分析图绘制技巧被运用到描绘景观的过程中,平行投影技术被运用在展示景观演化的分阶段规划图中,用以可视化空间上复杂要素之间的关系(图 6-1 和图 6-8)。此外,分阶段的规划图基本上借用了运动(motion)制图技术,因为它松散地设计了景观在时

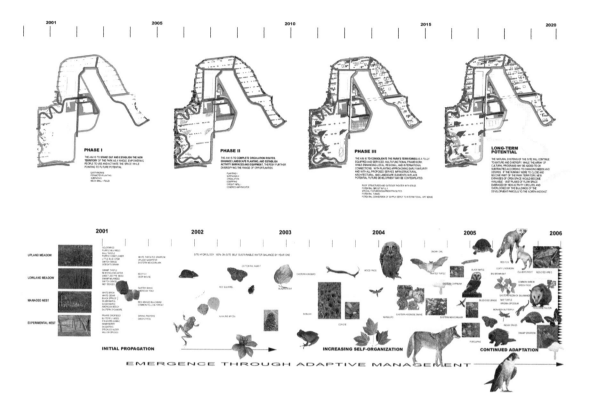

图 6-11
詹姆斯·科纳和斯坦·艾伦，新兴生态，唐斯维尤公园国际设计竞赛，1999 年
James Corner and Stan Allen, Emergent Ecologies, Downsview Park International Design Competition, 1999

间中的变化（图 6-11）。借助各种计算机软件，现在的分析图可以轻松地转换为其他绘图类型，并且可以自由地合成，用于说明设计想法，有时还可以进行创造性的发展。在某种程度上，没有任何景观设计师可以在没有分析图的情况下进行设计。

景观绘图批评

手绘和计算机绘图

模拟触控和数字鼠标触控哪个更胜一筹？这个问题从有计算机绘图开始就经常出现在景观设计师、研究人员和教育工作者的讨论中。现在手和计算机共存的斗争时期已经过去，已经完全进入了计算机绘图的时代。随着我们进入了第四次工业革命时期，并在计算机显示器之外使用 VR（Virtual Reality，虚拟现实）和 AR（Augmented Reality，增强现实）技术设计一种新型景观，"手 vs. 计算机"结构被"数字化 vs. 另一种数字化"结构所取代。近年来，在最初的景观设计构思阶段之后，再也不见设计师的手绘稿。若是要想把手绘设计案例引用到论文中，就需要花费大量的功夫来寻找现今仅存不多的设计手绘稿。此外，善于模仿的新数字技术，即所谓的"digilog"产品涌入当前数字生态系统中，手与计算机绘图之间的抗衡已被视为一个过去时代的二分法框架。

尽管如此，将手和计算机重新考虑为绘图手段还是很重要的。这是因为它提供了一个机会——可用来反思景观设计师如何思考手和计算机在绘图中的功能和作用，以及如何在景观设计中使用它们。

手 vs. 计算机?

计算机绘图出现在 20 世纪中期以后，所以在景观绘图的漫长历史中，计算机绘图所占的比重是非常小的。自从计算机作为景观绘图工具而出现，景观设计师就开始将作为传统绘图工具的手与新技术进行比较。一只手和一台计算机被放在一个对抗性的构图中，关于两者中哪一个对于景观设计更具优势是有争议的。声称手优于计算机的说法，是从人脑和手直接相连的事实出发的。其逻辑是，设计师头脑中的设计理念不会丢失，因为它可以直接转移到纸上，而无须通过计算机鼠标。基于这一点，有人认为手绘在对景观的形式、材料和结构的敏感性方面进行可视化的效果是优于计算机制图的（图 7-1）[1]。将手绘图视为景观设计师感受性集成的产物的观点，在计算机开始正式用于景观设计的 20 世纪 80 年代中期也被提出 [2]。在此基础上，人们认

1
拥护手绘的代表性景观设计理论家马克·特雷布认为，在计算机绘图中，"有可能会丢失设计创意、特质、预想的经验、接受者的能力"，"机械媒体（计算机）会让人类远离场所，而手绘则会帮助人们在特定的地方集中时间和注意力"。(Marc Treib, "Introduction", in *Drawing/Thinking: Confronting an Electronic Age*, Marc Treib, ed., London: Routledge, 2008, p.X; Marc Treib, "Introduction", in *Representing Landscape Architecture*, Marc Treib, ed., London: Taylor & Francis, 2008, p. XIX。留下优秀手绘作品的景观设计师劳瑞·欧林认为，"大脑会立即对手产生反应，产生（空间的）构成、均衡感、运动、意外的感情，所以会想到下一条线应该画在哪里……但是用键盘或鼠标无法发展空间的感受性，即空间的形态、材料、结构、重量感"。(Laurie Olin, "More than Wriggling Your Wrist (or Your Mouse): Thinking, Seeing, and Drawing", in *Drawing/Thinking: Confronting an Electronic Age*, pp.85, 97.)

2
景观设计师沃伦·T.伯德和苏珊·S.纳尔逊认为，"虽然相机和计算机无限扩展了我们的感知和理解，但（手绘）绘画揭示了个人的表达方式，它可能是一种经久不衰的语言"。Warren T. Byrd, Jr. and Susan S. Nelson, "On Drawing", *Landscape Architecture* 75(4), 1985, p.54.

为手是释放设计师创造力的想象性工具，而计算机则抑制了设计师的创造力。

也有设计师主张，计算机绘图在景观设计中较手绘更为出色。由于计算机比手更快、更准确、更容易修改和复制，因此这种机械效率被用作计算机制图优越理论的主要论据。自1980年代以来，也有一些景观设计师认为计算机绘图的程序与手绘没有太大区别。虽然使用了铅笔和鼠标这两种不同的工具，但无论是手绘还是计算机绘图，都会经历反复绘制、擦除和缩放植物的过程[3]。从这一点来看，计算机绘图似乎更能发挥创造性的功能，这要归功于它的快速、高效和能够提

图 7-1
劳里·奥林，哈莫克萨特小屋，阿马甘塞特，长岛，纽约，1968 年
Laurie Olin, Hammocks at the Cabin, Amagansett, Long Island, New York, 1968

3
阿瑟·J. 库拉克观察到"所有 CAD 绘图本质上都是手绘的，并且与手绘的相似之处在于它们绘制复杂的符号、复制、编辑、缩放和更改比例"。Arthur J. Kulak, "Prospect: The Case for CADD", *Landscape Architecture* 75(4), 1985, p.144.

4
Bruce G. Sarky, "Confessions of
a Computer Convert", *Landscape
Architecture* 78(5), 1988, p.74.

5
Roberto Rovira, "The Site Plan is Dead:
Long Live the Site Plan", in *Representing
Landscape：Digital*, Nadia Amoroso,
ed., London：Routledge, 2015, p.99.

图 7-2
亚历克斯·韦伯，约克兰教养院，圭
尔夫，安大略省，2016 年
Alex Weber, Yorklands Reformatory,
Guelph, Ontario, 2016

供多种选择[4]。在计算机绘图几乎完全替代手绘的当今，主张计算机是创造性绘图工具的声音越来越响亮。利用计算机软件提供的各种滤镜和效果，可以自由地可视化景观的氛围、微妙之处、模糊性和动态过程（图 7-2）[5]。随着计算机软件提供的功能越来越多，几乎可以涵盖手绘的所有表现形式，以及与铅笔相媲美的电子设备的问世，认为手比计算机在视觉化设计时对景观的感受性方面更优越的主张逐渐失去了说服力。

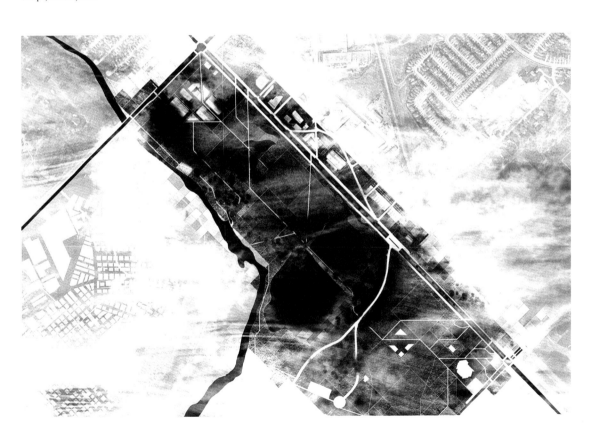

技术和技艺

有必要把"技术（technology）"和"技艺（technique）"进行区分理解。这两个术语经常被互换使用，其含义往往混杂在一起。如果说技术像手、铅笔、颜料、计算机一样指代绘图的物理工具介质，那么技艺就意味着包括平面图、立面图、透视图、综合绘图、分析图等绘图类型的各种可视化绘图技术[6]。将两个术语区分开来，就可以更清楚地理解景观设计师们对手绘和计算机绘图的主张的不同。使用作为制图技术媒介的"手"或"计算机"时，要重点考虑用哪一种技术媒介来展开绘图技巧。

认为手绘更为优越的设计师或是拥护计算机绘图的设计师，他们的论点都集中在对于"手或计算机这一特定的技术决定了它是想象力的工具还是机械的手段"的讨论。手绘拥护者认为手是创造想象力的工具，而计算机绘图提倡者则认为计算机是创造想象力的手段。将同一种技术判断为具有不同特性的媒介的原因在于，实际上，同一种技术可以开发出具有不同特性的技艺。换句话说，使用手和计算机这一技术展开的绘图技巧，可能会发挥设计者的创意，这种技巧也可能会被当作简单的机械工具。例如，虽然可以用手绘制表示对景观感受性的速写草图，但也可以用计算

6
Karen M'Closkey, "Structuring Relations: From Montage to Model in Composite Imaging", in *Composite Landscapes: Photomontage and Landscape Architecture*, Charles Waldheim and Andrea Hansen, eds., Ostfildern: Hatje Cantz Verlag, 2014, p.126.

7

正如景观设计师克劳斯基指出的那样，"声称数字描绘会导致绘画质量下降的说法是将'技术，即铅笔和计算机'与'技艺，即绘画类型和图像制作'混为一谈。如果说数字媒体（相对于手）是不足的，那是因为这些媒体被用来模仿手绘技术，而不是探索其内在能力"。Karen M'Closkey, "Structuring Relations: From Montage to Model in Composite Imaging", in *Composite Landscapes: Photomontage and Landscape Architecture*, Charles Waldheim and Andrea Hansen, eds., Ostfildern: Hatje Cantz Verlag, 2014, pp.125–126.

8

Paul F. Anderson, "Stats on Computer Use", *Landscape Architecture* 74(6), 1984, p.101.

机机绘施工时所需的精细图纸。相似的，虽然可以使用计算机简单地复制和粘贴施工图，但也可以将计算机用于景观的动态性、复杂微妙的氛围和想象力的可视化绘制[7]。也就是说，技艺比绘图技术更为重要。

从手到计算机

让我们回顾一下当"景观制图"的介质从手变成计算机后，计算机扮演了怎样的角色。回望绘图工具从手转变为计算机的时期，景观设计师对计算机的期望与失败的经历错综交织。如前所述，随着计算机被用作景观设计的绘图工具，有关手和计算机的争论不断，但事实上，手绘图的拥护者很多。

针对此争论，在美国景观设计师中进行了多次问卷调查，从这项调查的结果可以看出，即使在千禧年之后，手绘是景观设计的一种创造性手段的观点的支持率也远超计算机绘图是创造性方式的论断。1983 年在美国的《景观》（*Landscape Architecture*）杂志上发布的问卷调查中指出，在景观设计方面，与建筑或城市规划等相关领域相比，电脑的使用率较低[8]。此外，1993 年在美国景观设计师协会（American Society of

Landscape Architects，ASLA）成员中进行的一项调查报告称，景观设计师通常使用计算机绘制施工图，但较少使用计算机来绘制设计理念[9]。这种倾向在进入 21 世纪后仍在继续。在 2000 年对美国风景园林师协会成员进行的调查中，得出的结果是，计算机在景观设计过程中只是作为一种高效的工具，但对设计艺术和创意性的激发毫无影响[10]。

绘图软件的早期历史

那么，我们需要了解一下，哪些计算机软件被用作工具性手段而不是想象力的手段。上述调查所涉及的软件基本上是 CAD 制图软件。早期的 CAD 软件是从 20 世纪 60 年代初期，由麻省理工学院（MIT）伊万·萨瑟兰（Ivan Sutherland）推出的 Sketchpad 开始的，首先被使用于建筑领域（图 7-3），到了 80 年代，ArchiCAD 和 AutoCAD 产品被用于包括建筑和景观设计在内的建造环境设计领域[11]。但是直到 20 世纪 90 年代初期，美国的景观设计事务所中计算机的使用还不普遍[12]。而且，CAD 在设计过程中并未用于设计思路的创造性开发或 3D 可视化，而是主要负责制作施工图，如前述调查所示（图 7-4）。

9

James Palmer and Erich Buhmann, "A Status Report on Computers", *Landscape Architecture* 84(7)，1994，p.55.

10

Lolly Tai, "Assessing the Impact of Computer Use on Landscape Architecture Professional Practice：Efficiency, Effectiveness, and Design Creativity", *Landscape Journal* 22(2)，2003，p.121.

11

Jillian Walliss, Zeneta Hong, Heike Rahmann and Jorg Sieweke, "Pedagogical Foundations：Deploying Digital Techniques in Design/Research Practice", *Journal of Landscape Architecture* 9(3)，2014，pp.72–73.

12

根据 1993 年针对美国景观设计师协会会员对象的问卷调查，发现当时景观设计公司的 CAD 使用率在 60% 以下。Kirt Rieder, "Modeling, Physical and Virtual", in *Representing Landscape Architecture*, Marc Treib, ed.，London：Taylor & Francis, 2008，p.187; James Palmer and Erich Buhmann. "A Status Report on Computers", *Landscape Architecture* 84(7)，1994，p.55.

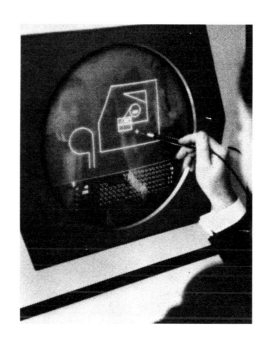

图 7-3
麻省理工学院画板项目，1965 年
MIT Sketchpad Program, 1965

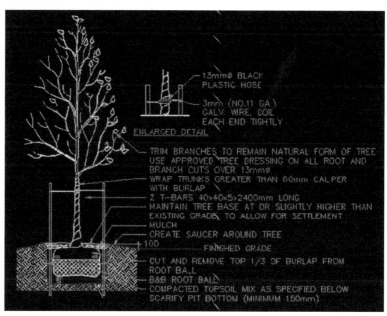

图 7-4
建筑制图，1990 年代
Construction drawing, 1990s

在景观设计领域，GIS 和图形软件使用较多，不亚于对 CAD 的使用。首先，GIS 是一种可用于处理大规模景观规划中庞大景观数据的技术，这一技术在伊恩·伦诺克斯·麦克哈格（Ian L. McHarg）推广的所谓"千层饼模式（layer-cake）"中被使用，即通过叠加各种类型的景观数据创建地图来评估特定土地利用的适宜性的技术（图 7-5），相关阐述将在下一章中介绍。当 CAD 的早期形式在 1960 年代用于建筑制图时，景观设计师正在开发早期的 GIS 软件模型[13]。早期的 GIS 软件 SYMAP、GRID、ODYSSEY 是在 1960 年代至 1970

13
Antoine Picon, "Substance and Structure
II : The Digital Culture of Landscape
Architecture", *Harvard Design
Magazine* 36, 2013, p.124.

图 7-5
伊恩·L. 麦克哈格等人，梅德福德研究分析图，1974 年
Ian L. McHarg et al., Medford Study
Analysis Maps, 1974

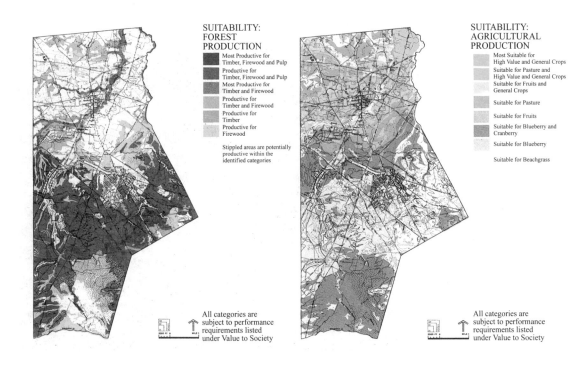

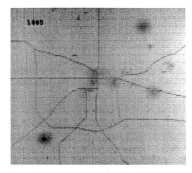
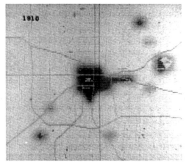
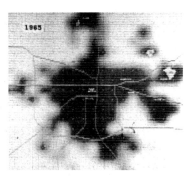

图 7-6
密歇根州兰辛市住宅用地随时间推移
产生的变化，由 SYMAP 输出生成的
图片，1967 年
Change in Residential Land Use over
Time in Lansing, Michigan, motion
picture generated from SYMAP output,
1967

14
Nick Chrisman, *Charting the Unknown*：
*How Computer Mapping at Harvard
Became GIS*, Redlands, CA：ESRI
Press, 2006.

15
麦克哈格从 20 世纪 70 年代初开始就想
用计算机绘制生态规划图。但是早期计
算机的准确性和图形质量都很差，所以
并不能信任计算机。Ian L. McHarg, *A
Quest for Life*：*An Autobiography*, New
York：John Wiley & Sons, 1996, p.367；
Richard Weller and Meghan Talarowski,
eds., *Transacts*：*100 Years of Landscape
Architecture and Regional Planning at
the School of Design of the University of
Pennsylvania*, San Francisco：Applied
Research and Design Publishing, 2014,
p.119；Ian L. McHarg, *A Quest for Life*：
An Autobiography, New York: John
Wiley & Sons, 1996, p.285.

年代由霍华德·T. 费舍尔（Howard T. Fisher）创立的哈佛大学计算机图形和空间分析研究所与设计研究生院（Graduate School of Design，GSD）紧密合作开发的（图 7-6）[14]。从 20 世纪 80 年代开始，麦克哈格将其引入宾夕法尼亚大学，并迅速成为环境规划中的重要软件[15]。此时，GIS 作为一种高效的工具，可以快速、准确地执行以前由手工处理的图层叠加过程，即对景观数据进行编目、计算和可视化制图。

在景观设计中，绘制景观未来愿景时多使用 Adobe Photoshop 或 Illustrator。透视图与风景画形式类似，是景观制图历史中经常出现的技巧。虽然这部分内容会在第 9 章中进行详细讨论，但是在 1980 到 1990 年代，以照片为基础的多种视觉材料重新组合的拼贴和蒙太奇技法也很流行。Adobe 于 1987 年推出了 Illustrator 软件，于 1989 年推出了 Photoshop 软件，景观设计事务所从 1990 年代后期开始使用这些图形软件来制作透视图、平面图和分析图（图 7-7）。对

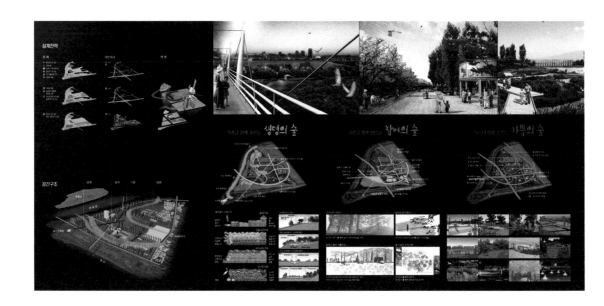

图 7-7
韩国 Dongsimwon 景观设计事务所，首
尔森林公园，2003 年
동심원 조경 외，서울숲，2003

于用图形软件制作的图绘，从拆装多个摄影材料碎片的过程来看，这与手工制作的过程没有太大区别。图形软件处理图像的系统，即利用单个图层进行合成的方式，与拼贴和蒙太奇的方式非常相似。使用图形软件绘制透视图与手绘的过程相比改变并没有太大，相反，可以用于表现图像的视觉效果的功能变得丰富多彩[16]。基本上可以说，所有的软件都是使用工具性的技术来处理手工制图程序的。

　　在计算机绘图初期，景观设计师理所当然地把计算机视为单纯的机械装置。人类对机器的首要要求就是比人手更快、更准确地处理工作，从而提高效率。然而，如前所述，需要注意的是，在同一时期，当有人主张计算机绘图应为设计过

16
媒体理论家列夫·马诺维奇解释说，使用图形软件创建图像的属性出现在各种命令中，包括图层调色板和过滤器。Photoshop "通过并置包含在不同图层中的视觉元素" 来创建图像，这一过程本质上类似于手工制作的拼贴图和蒙太奇。马诺维奇还将对图像应用效果的滤镜分为 "那些模仿以前的媒体效果的滤镜" 和 "那些不模仿的滤镜"。例如，画笔或草图过滤器模仿手绘或绘画的效果，而噪声过滤器则不然。Lev Manovich, *Software Takes Command*, New York：Bloomsbury Academic, 2013, pp.139, 142–145.

程的创意发展做出贡献时，它并没有起到应有的作用。或许，就连现在也还没有将计算机作为发展设计创意的工具，而是仅将其视为可高效处理信息，并把设计结果原封不动地描绘出来的简单机械装置。

− 8 −

鸟 瞰

　　可以一览无余地观景的观景台是旅游胜地中的人气场所。当人从高处俯瞰一方位于低处的平地时，好似用目光在平地上漫步，会被一种奇妙的感觉所笼罩。有人看到这样逐渐变得微小的平地及平地上人物的缩影，或许会联想到人生的最终之处与无常之境；也有一些人会对终于可以站在高处俯瞰平地风景而顿感欣慰，并获得一定的成就感。以上两者中的后者的景观体验与从高处俯视某一平地的行为中获得的优越感交织在一起。观看的特权，通常与对场所的拥有和支配感联系在一起。

　　从天空俯瞰的视点，即鸟瞰图（aerial view），实则渗透于我们生活的每个角落。无论是在风景好的餐厅或公寓等真实空间中，还是在通过各种门户网站提供的视频地图服务等

图 8-1
首尔视频地图，韩国家地理信息服务
서울시 영상 지도，국토지리정보원

视觉图像中，都可以形成一种鸟瞰的视点，即我们作为鸟瞰（bird's eye view）的主体而存在（图 8-1）。这一视点也有可能一直在移动。航空拍摄的自然和城市的纪录片、游戏、电影、各种建模软件的漫游功能为我们提供了俯瞰世界的乐趣。在景观设计和规划中也经常使用鸟瞰图。我们通常会利用航拍和卫星照片来了解设计场地和周围环境的现状，并将不可见的景观数据制作成地图，设计场地的相关信息即可一目了然。

作为城市景观的鸟瞰图

　　航空照片提供了展示城市和自然景观的壮观图像（spectacle），因此在景观设计和规划中经常被作为有用的资料来使用。最早的航空照片，是 1858 年由法国摄影师兼热气球驾驶员加斯帕德 – 费利克斯·图尔纳雄［Gaspard-Félix Tournachon，又被称为纳达尔（Nadar），1820—1910］拍摄的，他乘坐热气球拍摄了当时巴黎市区的景象。十年后，图尔纳雄捕捉到的巴黎鸟瞰图，很好地展示了奥斯曼的巴黎城市改造项目（图 8-2），它使我们能够猜测城市基础设施的建设顺序，包括四通八达的呈辐射状的大道、下水道、公园和围绕凯旋门延伸的民用建筑以及它们之间的关系[1]。

1

Charles Waldheim, *Landscape as Urbanism*, Princeton: Princeton University Press, 2016, 배정한（Pae Jeong-Hann）·심지수（Sim Ji-Soo）역, 『경관이 만드는 도시: 랜드스케이프 어바니즘의 이론과 실천』, 도서출판 한숲, 2018, p.175.

图 8-2
加斯帕德 – 费利克斯·图尔纳雄，巴黎鸟瞰图：凯旋门，1868 年
Gaspard-Félix Tournachon, *Aerial View of Paris: Arc de Triomphe*, 1868

图 8-3
得益于军士安托万·路易斯·弗朗索瓦（又名马索军士）、雅克·查尔斯和玛丽-诺埃尔·罗伯特的"气体静压"气球从杜伊勒里宫出发，1783 年
Attributed to Antoine Louis François Sergent dit Sergent-Marceau, Departure of Jacques Charles and Marie-Noel Robert's 'aerostatic globe' Balloon from the Jardin des Tuileries, c.1783

同一时代的城市鸟瞰图都是手工绘制的。由于鸟瞰图的视点是在高处，所以比起小空间，更适合用于观看和可视化大规模的城市。视点越高，越能一眼鸟瞰更为广阔的区域。甚至在照相机发明之前，人类就已经通过"上天"的方式俯瞰城市了。18 世纪后期，人们开始乘坐热气球登上天空，鸟瞰城市（图8-3）。随着城市的发展，也产生了大量的城市鸟瞰图。鸟瞰图作为一种城市的可视化手段，可以说，也是公众观看和享受城市景观的一种方式。

对平面图的渴望

从天空俯瞰场所的渴望早在很久以前就已经存在了。地图和平面图反映出我们对鸟瞰图的敏感性。地图和平面图是一种能够准确地绘制空间的划分和布局，并使其一目了然的绘图类型。通常，平面图会给人一种可以掌控空间的自信感，这与人爬上高处往下看时获得的情感体验是相似的，虽然平面图所示视点在高低的程度上会有所不同。设计平面图称为"总体规划（masterplan）"，其中便渗透着这种控制与掌控的观念。也许，地图和平面图是空中视图的完美形式。也就是说，在已经开始绘制平面图的古埃及时代，人们已经发现了自己对于鸟瞰图的渴望。

在人类乘坐热气球亲眼俯瞰地面景象之前，以俯视角度绘制的地面图绘往往具有极大的价值，且该价值比现在随处可见的鸟瞰图大得多。安德烈·勒诺特尔绘制的大特里亚农宫平面图（图 3-3），被当时驻巴黎的文化大使丹尼尔·克朗斯特伦（Daniel Cronström）收藏，因为它经过精心绘制，可以被视为一件完成度很高的艺术作品（见第 3 章）。该图借助当时最先进的科学测量仪器，准确地测量和描绘出了当时人眼的视点永远不可能看到的景象。这在当时仿佛是一种神和王的全知全能的视角，能够一眼便望见宽阔的皇室园林，并通过想象好似自己看到园林的一瞬间便拥有了它。虽然，在科技发达的现今，走在街上可以在智能手机上直接找到这条街的航空照片，但是在没有航空照片和空中飞行的时代，描绘出广阔空间的平面图可能具有现在无法比拟的巨大价值[2]。

2
另外，如第 4 章所述，在 17 世纪，景观的描绘中也曾流行鸟瞰图。

伊恩·L. 麦克哈格和千层饼模式

在处理大空间的景观规划时，经常使用航空照片和地图。通过使用地理信息系统（GIS），可将设计场地的众多信息进行系统化列表，并将这些景观数据制作成地图进行叠加，找出适合的土地利用方式。这种地图叠加技术，又名"千层饼模式（layer-cake）"，是在 20 世纪中后期由伊恩·L. 麦克哈格（Ian L. McHarg，1920—2001）提出并活用于生态规划中的（图 8-4）。

运用麦克哈格的"千层饼模式"地图叠加方法的适宜性分析过程，分为三个阶段[3]。第一个阶段，将设计场地的多个数据进行综合制图（mapping）并列表编目。这些数据包括地形、地质、土壤、水文、植被、野生动物、气候、矿物等生态因素，以及社会、法律、经济因素。第二个阶段，通过考量各个因素的价值来评估特定土地利用的适宜性。对存在于同一设计场地的多个景观因素进行评估和综合制图（mapping），以确定它们是否适合特定的土地利用。第三个阶段，通过叠加前面两个环节中完成的综合制图，最终创建一个能够反映土地利用适宜性的地图。根据最终的这张适宜性地图，来确定土地的合理利用[4]。

3
Ian L. McHarg, Arthur H. Johnson, and Jonathan Berger, "A Case Study in Ecological Planning: The Woodlands, Texas", in *To Heal the Earth: Selected Writings of Ian L. McHarg*, Ian L. McHarg and Frederick Steiner, eds., Washington, DC: Island Press, 1998, pp.242–263.

4
对麦克哈格的地图叠加（被称为科学和理性的方式）的批评，请参阅：Susan Herrington, "The Nature of Ian McHarg's Science", *Landscape Journal* 29(1), 2010, pp.1–20.

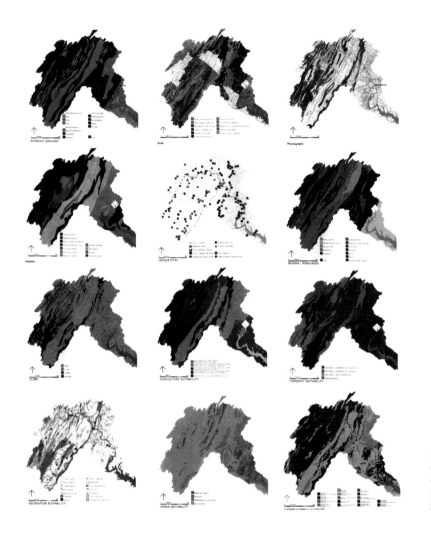

图 8-4
伊恩·L.麦克哈格，波托马克河流域
研究，1969 年
Ian L. McHarg, Potomac River Basin
Study, 1969

　　地图叠加技巧虽然被认为是麦克哈格的发明，但这项技巧在奥姆斯特德活动的 19 世纪后期就已经开始使用（见第 5章）。根据安妮·惠斯顿·斯本（Anne Whiston Spirn）的说法，"layer-cake"这个词是由麦克哈格的学生们创造的。麦

5

1969 年出版的麦克哈格的《设计结合自然》(Design with Nature) 中没有 "千层饼 (layer-cake)" 这个术语。相反，麦克哈格在解释自己的地图叠加时使用了列表 (inventory)、覆盖 (overlaid)、叠加 (superimposed)、综合 (synthesis)、夹层 (interlayer) 等词语。(Ian L. McHarg, Design with Nature, New York: The Natural History Press, 1969.) 据推测，麦克哈格在自己的文章中使用 "千层饼 (layer-cake)" 一词是在 1970 年以后。例如，在 1972 年出版的报告书《佛蒙特州威尔明顿和多佛的生态规划研究》(An Ecological Planning Study for Wilmington and Dover, Vermont) 中，把综合制图了的各种生态信息的图层按时间顺序累积的方式称为 "千层饼 (layer-cake)" 模式。Anne Whiston Spirn, "Ian McHarg, Landscape Architecture, and Environmentalism: Ideas and Methods in Context", in Environmentalism in Landscape Architecture, Michel Conan, ed., Washington, DC: Dumbarton Oaks Research Library and Collection, 2000, p.107; Wallace, McHarg, Roberts, and Todd, "An Ecological Planning Study for Wilmington and Dover, Vermont", in To Heal the Earth: Selected Writings of Ian L. McHarg, Ian L. McHarg and Frederick Steiner, eds., Washington, DC: Island Press, 1998, p.290.

6

Carl Steinitz, Paul Parker, and Lawrie Jordan, "Hand drawn Overlays: Their History and Prospective Uses", Landscape Architecture 66, 1976, pp.444–455; Frederick Steiner, "Revealing the Genius of the Place: Methods and Techniques for Ecological Planning", in To Heal the Earth: Selected Writings of Ian L. McHarg, Ian L. McHarg and Frederick Steiner, eds., Washington, DC: Island Press, 1998. pp.203–211.

7

Ian L. McHarg, A Quest for Life: An Autobiography, New York: John Wiley & Sons, 1996, p.56.

克哈格从 1965 年开始，在课堂上进行了名为 "波托马克河流域研究" 的专题。学生们在这门课上，通过将各种景观要素进行综合制图（mapping）的方法进行了研究，由此便开始称这种方式为 "千层饼（layer-cake）模式"[5]。此外，麦克哈格的地图叠加法，也是通过借鉴以往的景观设计师和城市规划师的技术而开发的[6]。麦克哈格在军队服役期间，曾参加过有关城市规划的函授课程[7]，其中包括城市规划师杰奎琳·蒂里特（Jacqueline Tyrwhitt, 1905—1983）的讲座，蒂里特曾经将根据所调查的多个景观数据制作的地图叠加在一起，创建了展示土地特征的地图（图 8-5）[8]。

"千层饼模式" 的遗产

麦克哈格的 "千层饼（layer-cake）模式" 影响了 20 世纪 60 年代中后期计算机地理信息系统（GIS）的发展（虽然他没有直接参与该软件的开发）[9]。如第 7 章所述，早期 GIS 软件是通过哈佛计算机图形和空间分析研究所与设计研究生院景观专业的紧密协作而开发的。1967 年，麦克哈格曾应邀在哈佛大学设计研究生院做过关于土地适宜性分析的讲座[10]。

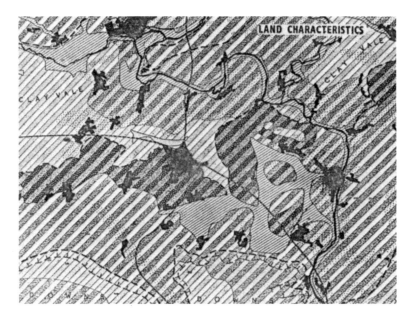

图 8-5
杰奎琳·蒂里特，土地特征地图叠加，
1950 年
Jacqueline Tyrwhitt, Map Overlay for
Land Characteristics, 1950

8
杰奎琳·蒂里特为了规划 (planning) 把
景观数据做成地图，重叠在透明的纸
上。将土地高低 (relief)、岩石种类 (rock
types)、水文及土壤排水 (hydrology and
soil drainage)、农田 (farmland) 四种景
观数据进行组合分析后，制作了土地
特征图 (land characteristics)。Jacqueline
Tyrwhitt, "Surveys for Planning", in
Town and Country Planning Textbook,
APRR, ed., London：The Architectural
Press, 1950, pp.146-196; Carl Steinitz,
Paul Parker, and Lawrie Jordan,
"Hand-drawn Overlays：Their History
and Prospective Uses", Landscape
Architecture 66, 1976, p.446.

9
Robert D. Yaro, "Foreword", in To Heal
the Earth：Selected Writings of Ian L.
McHarg, Ian L. McHarg and Frederick
Steiner, eds., Washington, DC: Island
Press. 1998, p.XI.

10
除麦克哈格外，土壤学家安格斯·希
尔斯 (Angus Hills) 和景观设计师菲利
普·刘易斯 (Philip Lewis) 也被邀请
参加。根据总结演讲的报告书，这三
位演讲者中没有一位完美地满足哈佛
的研究者。Nick Chrisman, Charting
the Unknown：How Computer Mapping
at Harvard Became GIS, Redlands,
California：ESRI Press, 2006, p.43;
Landscape Architecture Research Office,
Graduate School of Design, Harvard
University, Three Approaches to
Environmental Resource Analysis,
Washington, D.C.：The Conservation
Foundation, 1967.

　　麦克哈格的叠图技术对后来的景观设计师也产生了影响。詹姆斯·科纳的分析图，类似于 20 世纪早期至中期美国现代主义者的轴测图（见第 6 章）。此外，科纳将多个景观元素制成地图进行叠加的方式，也与麦克哈格的"千层饼"叠图相类似（图 8-6）。

鸟瞰图的想象性活用

　　以景观来设计城市的所谓景观都市主义阵营，一直在批判当时对鸟瞰图的工具性使用方式，他们在不断探索鸟瞰图使用方式的新的可能性。詹姆斯·科纳指出，鸟瞰图已被用

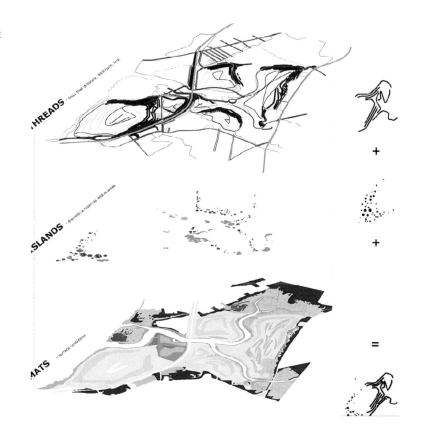

图 8-6
詹姆斯·科纳 / 菲尔德建筑事务所，生
命景观，2001 年
James Corner/Field Operations,
Lifescape, 2001

11
James Corner and Alex S. MacLean,
*Taking Measures Across the American
Landscape*, New Haven and London:
Yale University Press, 1996.

12
这些鸟瞰图的工具性使用在现代大规
模工程项目中也被发现，有批评声音
说"人造卫星图像……与计算机地理
信息系统相关联的数据……这种新的
技术相信人类拥有控制地球的最高权
力"。这种空中视图的工具性使用可
以追溯到 1700 年代后期。科纳说，在
1700 年代后期的美国土地区划调查中，
反映了空中视图感受性的鸟瞰图、全
景图、地图、总体规划被作了解、调
查和控制美国西部土地的工具手段。
James Corner, "Aerial Representation
and the Making of Landscape", in
*Taking Measures Across the American
Landscape*, New Haven and London:
Yale University Press, 1996, pp.15-16.

作控制土地的工具，并主张需要通过想象力来创造性地使用
它 [11]。麦克哈格在生态规划中运用的人造卫星和遥感照片、
航空照片、鸟瞰图、千层饼分析图、总体规划平面图等，都采
用了空中视图的方式看上去像是能够控制土地并决策土地的
使用，这让鸟瞰图似乎拥有了全知全能的决策权，而科纳则
对这一点持批判态度 [12]。

值得注意的是，科纳批判的是麦克哈格对鸟瞰图的工

具性使用方式，但并没有否定鸟瞰图本身。科纳认为，包括航空照片在内的鸟瞰图虽然具有工具性，但同时也具有创造性的力量[13]。在科纳的"风车地形图（*Windmill Topography*）"（图 8-7）中，

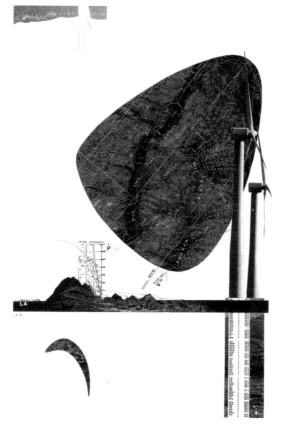

13
James Corner, "Aerial Representation and the Making of Landscape", in *Taking Measures Across the American Landscape*, New Haven and London: Yale University Press, 1996, pp.16-17.

图 8-7
詹姆斯·科纳，风车地形图，1996 年
James Corner, Windmill Topography, 1996

运用鸟瞰图的工具性特征绘制的气温、风速、地图以涡轮齿轮、风的影子、山脉剖面图的形式被剪裁和混合，从共感角度描绘出洛杉矶东部巨大风力发电区的景观[14]。

在与城市相关的大量数据被生产出来并且可以轻松获取的今天，景观规划和设计领域中也开发了利用综合制图（mapping）的多种分析技术。以单纯的控制工具为理由批评鸟瞰图的科纳的思维方式，在目前看来是不合时宜的。因为

14
除此之外，理查德·韦勒的以下文章对于在景观规划和设计中使用的鸟瞰图的类似讨论也很有用。James Corner, "The Agency of Mapping: Speculation, Critique and Invention", in *Mappings*, Denis Cosgrove, ed., London: Reaktion Books, 1999, pp.247-249; Richard Weller, "An Art of Instrumentality: Thinking through Landscape Urbanism", in *The Landscape Urbanism Reader*, 2006, 김영민（Kim Young-Min），역，"수단성의 기술: 랜드스케이프 어바니즘을 통해 생각하기"，『랜드스케이프 어바니즘』，도서출판 조경，2007, pp.78-99.

15

如景观学家艾莉森·B.赫希恰当地诊断的那样，如果麦克哈格的"千层饼模式"是一种"确定的"真实，"即决定土地利用的适宜性，从而产生一个最终地图"的方法的话，那么科纳的分层拼贴图则是一种绘制"城市化的时空复合性及其相关过程"，即"过程乌托邦"的技巧。Alison B. Hirsch, "Introduction: the landscape imagination in theory, method, and action", in *The Landscape Imagination: Collected Essays of James Corner 1990–2010*, James Corner and Alison B. Hirsch, eds., New York: Princeton Architectural Press, 2014, p.25.

16

Charles Waldheim, *Landscape as Urbanism: A General Theory*, Princeton University Press, 2016, p.174.

科纳也使用了地图叠加技术进行了综合制图。但是，科纳的综合制图所起的作用与麦克哈格的不同。如果说麦克哈格的"千层饼模式"具有类似于将特定土地用途确定为分界线清晰的总体规划的功能，那么科纳的叠图可以被视为一种分析图，它负责展开设计策略，可以灵活地展现景观随时间变化的各种未来会发生的可能性的改变[15]。

查尔斯·瓦尔德海姆（Charles Waldheim）在《景观创造的城市：景观都市主义的理论与实践》（*Landscape as Urbanism: A General Theory*）中，将景观的概念从"美丽如画的形象"转释为"可从空中眺望的管理良好的表面（surface）"。现在，对于景观设计师而言，与其设计与未知荒野形成对照的像图画一样的景观，不如利用多种遥感鸟瞰媒介，即鸟瞰图，对城市或自然大地进行规划和设计[16]。在想要一次性掌握大型设计场地的大量信息时，没有比基于空中视点的鸟瞰图更有用的媒介了。视点越高，能看到的空间也就越大。

– 9 –

重新构想

将彩纸、照片、碎布等各种材料的碎片组合在一起，从而来创建新图像的技法叫作拼贴（collage）[1]。当照片作为拼贴素材时，这样的拼贴图像也被称为照片蒙太奇（photomontage）。在自由组合具有不同特性的材料时，可以发现一种用速写草图难以描绘的景观特性。景观设计的基础教育中常常包含拼贴和蒙太奇（以下简称"拼贴"），是为了让学生可以稍微轻松地想象景观的核心思想和氛围，让思维在具象和非具象之间移动，而不是真实地描绘出正在设计的景观的外观。

虽然可以用拼贴法绘制多个图像，但其成图方式却经常借用透视图的形式。现在，透视图多是通过以 Photoshop 和 Illustrator 为代表的图形软件制作的。将软件提供的各种植物

1
拼贴画来源于具有涂胶、粘贴、组装意思的法语"collage"，蒙太奇则来源于意为组装的法语"monter"。(https://www.oxfordlearnersdictionaries.com/)

和人物图像材料以及现有的照片材料等组合在一起，可以创建一个看起来像艺术作品一样的图像。在软件商业化普及之前，透视图都是手工绘制的——正如我们之前所看到的，像肯特那样使用一种颜色的素描手绘，或者像雷普顿和奥姆斯特德那样精心着色的手绘图等。而我现在要展开说明的是，拼贴技术在绘制透视图时也发挥着一定的功效。

拼贴风景

1980 年代至 1990 年代的景观设计师们试图通过拼贴技术，重新使景观形象可视化。新的方式伴随着新的认知。它在开始肯定包括城市景观在内的人工自然，即不仅包含 18 世纪的自然风景式园林，同时也包含 19 世纪中期由奥姆斯特德设计的中央公园所体现的田园牧歌式的人造自然景观。

伊夫·布鲁涅（Yves Brunier，1962—1991）在设计鹿特丹博物馆公园时展示的拼贴画，是用摄影、水粉、油画棒、墨水、锡纸和金属丝网等混合材料制作而成的。令人印象深刻的是，苹果树的树皮被涂成白色，看起来像人造的自然（图 9-1、图 9-2）[2]。阿德里安·盖兹（Adriaan Gueze，1960—　）的早期作品——鹿特丹剧院广场的拼贴画，是一

2
参与该项目的雷姆·库哈斯回忆说，布鲁涅似乎想要"践踏自然，或者摆脱自然的属性，把它变成表达的对象"。Odile Fillion，"A Conversation with Rem Koolhaas"，in *Yves Brunier: Landscape Architect*，Michel Jacques，ed.，Basel：Birkhäuser，1996，pp.89–90.

图 9-1
伊夫·布鲁涅，鹿特丹博物馆公园拼
贴画，1989–1991 年
Yves Brunier, Collage for Museumpark
Rotterdam, 1989–1991

图 9-2
伊夫·布鲁涅，鹿特丹博物馆公园拼
贴画，1989–1991 年
Yves Brunier, Collage for Museumpark
Rotterdam, 1989–1991

幅对广场和城市面貌进行夸张、歪曲和并置的透视图，有效
地展现了广场所具有的城市脉络和能动性（图 9-3）。他的认
知反映出，景观设计不再是创造看似未被人类污染过的自然
的工作，而是一种考虑到城市文脉而创造人工自然的实践[3]。

3
Adriaan Geuze, "Introduction", in *West
8*, Luca Molinari, ed., Milano: Skira
Architecture Library, 2000, pp.9–10,
12.

图 9-3
阿德里安·盖兹, 鹿特丹剧院广场拼
贴画, 1990 年
Adriaan Geuze, Schouwburgplein
Perspective Collage, 1990

不现实，所以更真实

　　值得注意的是，布鲁涅的拼贴画并没有运用写实手法。布鲁涅用照片和墨水将苹果树的叶子涂成绿色，但用白色水粉画树皮，仿佛与作为地板材料的白色鹅卵石相连。他用黑色油彩笔画出粗线条，区分各个要素，同时也有趣味地画了一条黑色小犬。背景中的矩形物体是一个具有反射效果的墙体结构，似乎是由锡箔和金属丝网制成的。照片的使用赋予了它一种具体的现实感，但也是抽象的，因为它留下了撕纸的痕迹，并用水粉和油画棒描绘了不完美的形状。也就是说，这不是现实，而是虚拟的公园形象[4]。此外，阿德里安·盖兹的拼贴图对真实空间也进行了夸大、缩小和扭曲，弥漫着类似于科幻电影《银翼杀手》（1982 年）中呈现的 2019 年洛杉矶景观的超现实氛围[5]。

　　有趣的是，这些拼贴画摒弃了强迫性地绘制相同外观的做法，可以更接近于实际体验。在布鲁涅的拼贴画中，白色的地板和苹果树的树皮与绿色的树叶形成对比，生动地传达出空间的触感。布鲁涅想通过结合公园内的各种活动、氛围和愿望来创造一个具有新的感性图像的空间，而拼贴画成功地将这种设计意图进行了可视化转换[6]。

4
Anette Freytag, "Back to Form: Landscape Architecture and Representation in Europe after the Sixties", in *Composite Landscapes: Photomontage and Landscape Architecture*, Charles Waldheim and Andrea Hansen, eds., Ostfildern: Hatje Cantz Verlag, 2014, p.107.

5
Anette Freytag, "Back to Form: Landscape Architecture and Representation in Europe after the Sixties", in *Composite Landscapes: Photomontage and Landscape Architecture*, Charles Waldheim and Andrea Hansen, eds., Ostfildern: Hatje Cantz Verlag, 2014, p.111.

6
正如布鲁涅的合作伙伴伊莎贝尔·奥里奥斯特所证明的那样，布鲁涅的拼贴画在设计过程中发挥了富有想象力的作用。Yves Brunier, "Museumpark at Rotterdam", in *Yves Brunier: Landscape Architect*, Birkhäuser, 1996, p.106; Isabelle Auricoste, "The Manner of Yves Brunier", in *Yves Brunier: Landscape Architect*, pp.16–17.

人物照片

另一点值得注意的是摄影材料的使用方式。摄影，作为一种传达真实感的机械媒介，自19世纪中叶开始出现在景观设计中，如前第5章所述。如果说奥姆斯特德用摄影的写实主义来理解设计场地的现状，那么景观设计师则是在拼贴图中调动这种写实主义来重新想象景观的。

有趣的是拼贴图中使用的人物照片。人物是比其他景观元素更难绘制的对象[7]。在景观中插入一张人物照片可以很容易地给人一种真实感。观看者可以通过跟随人物来虚拟体验图像中的风景。在景观图绘中，人物一直扮演着衡量景观尺度的大小和展现景观使用功能的角色（见第4、6章）。在布鲁涅的拼贴画中，两位正在散步的男性展现了广场的静寂。而玛莎·施瓦茨（Martha Schwartz，1950—　　）的拼贴画中出现的孩子，以其俏皮的表情，将广场的活跃气氛注入画面（图9-4）。当然，这里的人基本上可使我们对景观大小有一个概念。也有一些拼贴图中有知名人士的登场。在瑞士景观设计师迪特·基纳斯特（Dieter Kienast，1945—1998）的拼贴画中，插入了电影《大路》（La Strada，1954年）的主人公杰索米娜［Gelsomina，由演员茱莉艾塔·玛西娜（Giulietta Masina）饰演］的照片，也就是说，她在拼贴画中作为客串而出现（图9-5）[8]。

7
在美术的历史上，把人的表情画得像真的一样，是一项比描绘其他对象更难的工作。(E. H. 곰브리치, 차미례 (Cha Mi-Rye) 역，『예술과 환영: 회화적 재현의 심리학적 연구』，열화당，2003，pp.311–312.) 虽然视觉效果技术日益发展，但在过去，用电脑图形制作人物也因为"恐怖谷 (uncanny valley)"之类的问题而变得相当棘手。(Angela Tinwell et al.，"Facial Expression of Emotion and Perception of the Uncanny Valley in Virtual Characters"，*Computers in Human Behavior* 27，2011，pp.741~749.) 尽管如此，在风景图形中，人的数字（或数字化）图像与纯计算机生成的风景图像合成，以提供真实感。

8
Anette Freytag，"Back to Form: Landscape Architecture and Representation in Europe after the Sixties"，in *Composite landscapes: Photomontage and Landscape Architecture*，Charles Waldheim and Andrea Hansen，eds.，Ostfildern: Hatje Cantz Verlag，2014，p.103.

图 9-4
玛莎·施瓦茨,雅各布·贾维茨广场
拼贴画,1995 年
Martha Schwartz, Collage for Jacob Javits
Plaza, 1995

詹姆斯·科纳和绘图想象力

詹姆斯·科纳(James Corner, 1961—　　)在理论和实践上不断探索绘制景观的新方法。从 20 世纪 90 年代初期开始,科纳认为绘画是视觉形象,而风景园林所涉及的景观不仅是视觉的,还包括嗅觉和触觉等多感官介质,因此,绘画从一开始就不可能完整地使景观的多感官特性视觉化。所以,他强调将景观表象进行写实并进行形象化的方法,即比起绘画的工具性功能,更强调重新展现景观的多感官特性的想象性作用[9]。上一章中介绍的科纳在 1990 年代后期的拼贴作品很

9
科纳说,"再现 (re-presentation)"是"以一种以前不可预测的方式重新呈现 (representing) 世界,而不是简单地描绘 (represent) 我们已经知道的世界"。通过再现,"让旧的生出新意,让平庸的生出新鲜"。(James Corner, "Representation and Landscape: Drawing and Making in the Landscape Medium", *Word & Image: A Journal of Verbal/Visual Enquiry* 8(3), 1992, p.262.) 关于"再现"一词的含义以及詹姆斯·科纳关于再现理论和实践的详细讨论参考了以下文章:이명준 (Lee Myeong-Jun), "제임스 코너의 재현 이론과 실천: 조경 드로잉의 특성과 역할", 『한국조경학회지』45(4), 2017, pp.118-130.

图 9-5
基纳斯特·沃格特及其合伙人事务所，
卡尔斯鲁厄艺术与媒体中心地面拼贴
画，1995 年
Kienast Vogt Partner, Collage for the
Ground of the Center for Art and Media,
Karlsruhe, 1995

好地体现了这一点，把一直以来作为工具性手段的鸟瞰图重新解释为激发想象力的拼贴画（图 9-6）。

在 1999 年举行的多伦多当斯维尔公园（Downsview

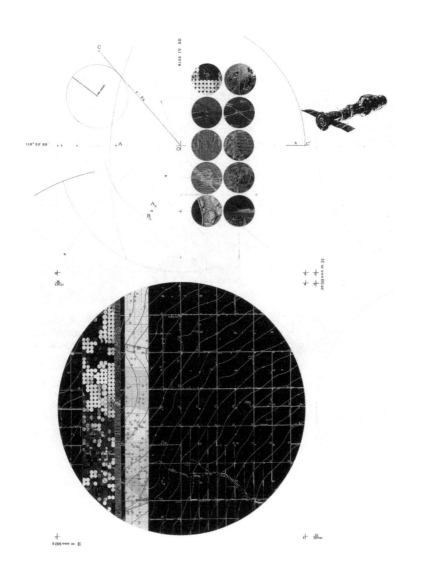

图 9-6
詹姆斯·科纳，枢轴灌溉机 I，1996 年
James Corner, Pivot Irrigators I, 1996

Park）国际设计竞赛上，科纳与建筑师斯坦·艾伦（Stan Allen）一起展示了一幅拼贴画，用以协助说明设计策略。在他们的最终作品《生成的生态系统》（*Emergent Ecologies*）中，可以看到为可视化人类活动和生态的动态性而制作的透视图形式的拼贴画（图 9-7）。照片的剪裁痕迹和组装时产生的痕迹原封不动地被展现了出来，有效地描绘了未来全新的公园的生态活动性。虽然隐藏组装的痕迹会使设计显得更加逼真，但通过露出这些痕迹反而可以有效地展现所要设计的内容[10]。

想象化的同时也是道具化的

科纳并不总是强调绘图的想象性作用。20 世纪 90 年代

10
科纳和艾伦以"包括自然和人类的生态系统的出现"为设计策略，建议公园建立两个系统："容纳（人类）所有活动项目的'循环（circuit）'和'贯通 (through-flows)'"，以及"支持设计场地的所有水文学和生态活动性"。(James Corner and Stan Allen, "Emergent Ecologies", in *Downsview Park Toronto*, Julia Czerniak, ed., Munich: Prestel Verlag, 2001, p.58.) 在这里，除了拼贴图之外，他们还尝试了不同的技术来展示设计策略——分析图、分步计划综合制图。

图 9-7
詹姆斯·科纳和斯坦·艾伦，生成的生态系统，1999 年
James Corner and Stan Allen, Emergent Ecologies, 1999

中后期，科纳展开了景观都市主义（landscape urbanism）的理论和实践研究，开始关注绘画的想象性和工具性作用。以往尝试的是以透视图为基础的拼贴图（图 9-7），在他之后的实践中，出现了以地图或平面图作为工具功能的综合绘图（mapping）技术。事实上，在实际创造空间方面，综合绘图比拼贴图更有用。正如科纳所言，"如果拼贴图大体上是通过暗示和联想来起作用的话，那么综合绘图主要是通过更具分析性和指示性的图式来将图像材料系统化的"，从这一点来看，"综合绘图带来了实在化的效果"[11]。

在 2001 年举办的美国弗莱士河公园（Fresh Kills Park）设计竞赛的获胜作品《生命景观》（Lifescape）中，科纳在场地现有垃圾填埋场的顶部设计了"一个新视角的城市，一个生态地形"[12]。这项工作通过运用分层制图和分层规划的方式，有效地展示了公园的生态演变，通过使用结合平面图和拼贴画的"平面图拼贴（plan collage）"技术而创建的图像脱颖而出（图 1-4）。图中像是用大理石雕刻而成的形状很有趣，将在垃圾堆上展开的生态公园的样子呈现得既具体又抽象。基于适合处理大规模场地的地图格式，结合拼贴技法，在具体化对象的同时，有趣地展示了设计策略。正如 Jeong Wook-Ju 和科纳所说，它的功能是"混合了平面图和分析图的图解平面图（diagrammatic plan）"[13]。景观

11
James Corner, "The Agency of Mapping: Speculation, Critique and Invention", in *Mappings*, Denis Cosgrove, ed., London: Reaktion Books, 1999, pp.225, 245.

12
정욱주・제임스 코너（Jeong Wook-Ju, James Corner），"프레쉬 킬스 공원 조경 설계"，『한국조경학회지』33(1), 2005, p.97.

13
平面拼贴是将巨大规模的场地视为一个对象，在不受规模约束的情况下，自由地嫁接和合成多个图像的工作。通过这个过程创建的有些随意和主观的图像，再通过设计过程演变成一个平面，同时补充了更客观的图像，例如目标站点的地形、坡度、太阳角度、动线和表面材料等都是这类综合制图。정욱주・제임스 코너（Jeong Wook-Ju, James Corner），"프레쉬 킬스 공원 조경 설계"，『한국조경학회지』33(1), 2005, p.97.

图绘的两大功能——工具性和想象性，即描述和具象化景观的功能以及全新认知和想象的功能，被成功地结合在了这张"平面图拼贴（plan collage）"中。

逼真的绘图

美国景观设计师协会（ASLA）从几年前便开始将最佳作品奖的获奖作品（ASLA Professional Award of Excellence）制作成虚拟现实（VR）视频，并在 YouTube 上提供视频的观看和分享资源（图 10-1）。视频以设计师的设计说明为旁白，介绍了所设计的公园的主要区域的景观和游客的活动。如果用手机或电脑打开 YouTube 网址，可以观看到二维 360 度视频，如果使用虚拟现实耳机，则可以欣赏到三维 360 度视频。视频观看者只要自由地上下左右移动鼠标，或是戴上耳机，就能获得仿佛实际穿梭于公园中一样的体验。尽管虚拟现实技术在设计过程中没有被用作工具，但在设计师与公众沟通交流中作为重要的技术被使用。

虽然虚拟现实技术令人称奇，但有趣的是，19 世纪就已

1

关于韩国引进的三维景观的视觉系统，参考以下内容：Myeong-Jun Lee & Jeong-Hann Pae, "Nature as Spectacle: Photographic Representations of Nature in Early Twentieth-Century Korea", *History of Photography* 39(4), 2015, pp.390-404；이명준 (Lee Myeong-Jun), "일제 식민지기 풍경 사진의 속내", 『환경과조경』2017년 10월호, pp.32-37.

经出现了通过三维视角体验风景的尝试。图 10-2 是一张体视镜（stereoscope）照片，推测是在纽约中央公园建成后不久拍摄的。两张相似的照片并排摆放着，当通过与虚拟现实耳机相似的体视镜观看它们时，这些景观似乎是三维立体的[1]。包括体视镜、虚拟现实、三维电影在内的立体视觉化方式，是一种通过人为操纵所谓的双目视差（由于两眼位置不同所以两眼看见的事物亦存在差异）而创建的感知方法。

图 10-1
ASLA 和 Dimension Gate，布鲁克林大桥公园 VR，2018 年
ASLA and DimensionGate, Brooklyn Bridge Park VR, 2018

图 10-2
拍摄者不详，加利福尼亚州纽约中央公园的户外生活和运动，1870 年
Unknown, Outdoor Life and Sport in Central Park, NY, c.1870

如同真实一般地绘制

在景观绘图中，也发现了使用视觉图像来创造和表现与现实相类似的景观体验的愿景。19 世纪中后期，景观设计师运用当时最新的摄影技术，使用拍摄的照片作为现场调查时的工具（见第 5 章）。在照片被发明之前，设计师经常会绘制一些像风景画之类的透视图，如实地描绘出设计场地的现状（见第 4 章）。因为景观设计的最终目的是在现实世界中设计一个景观，如同真实存在的现实一般描绘景观的态度也许被认为是理所当然的，所以如实表现现实景观也作为景观图绘的基本作用而存在。大约在 2000 年前后，随着 Photoshop 和 Illustrator 等图形软件的商业普及化，创建逼真的绘图变得更加容易和快捷。并非使用手绘，而是通过对现实拍摄的照片素材进行图像合成，便可以感知到景观绘图的真实性，就好像它们是在现实中绘制的一样（图 10-3）。

这些图像是否像真实一样描绘了现实世界？如若站在所描绘的对象的立场，那么这些图像其实并没有描绘现实的世界。绘画描绘的是设计后的世界，严格来说，它处理的是设计者头脑中存在的虚拟世界，而不是现实。这与描绘的方法无关。通过合成照片创建的景观图绘准确地说是照相现实主义（photo-realism），即拍摄未来景观的"像照片一样"的

The Mancho Stream flows in a new meandering course and interweaves deep into the Park. This new channel not only registers the image of the stream but also provides vitality to the Park. cafés and soho shops in reused office buildings along the streamside will generate the human-scale feeling in the 10-meter-wide promenade. When the Yoshino cherry trees grow to cover the skies, a natural spring festival will be brought to life.

图 10-3
韩国 Synwha Consulting and SeoAn R & D Landscape Design，龙山公园设计国际公开征集作品，2012 年
신화컨설팅·서안알앤디조경디자인 외，Yongsan Park for New Public Relevance, Yongsan Park Design International Competition, 2012

图 10-4
Diller Scofidio+Renfro 等，狂野的都市化，扎里亚德耶公园国际设计大奖，2013 年
Diller Scofidio+Renfro et al., Wild Urbanism, International Competition for Zaryadye Park, 2013

2
用媒体理论家列夫·马诺维奇的话来说，"计算机图形所取得的成就，与其说是现实主义，倒不如说是写真主义，写真主义并不是我们对现实的认识性和身体性的经验，而只是模仿照片形象的能力"。Lev Manovich, *The Language of New Media*, Cambridge, MA：MIT Press, 2001, p.200.

图像。简单地说，我们看到的真实的图形图像并不是一种真实的景观体验，而是以拍摄的真实景观的照片和经过修图后的作品照片呈现了一种类似于景观体验的观感（图 10-4）[2]。

照片假象

最近制作的使用数码照片合成的绘图包含类似于拼贴技术的过程（参见第9章），即剪裁并重新组装照片素材。詹姆斯·科纳（James Corner）和斯坦·艾伦（Stan Allen）为参加当斯维尔公园（Downsview Park）国际设计竞赛而创作的拼贴画中突出了空隙痕迹，即在剪裁和重新合成照片的过程中产生了拼贴的痕迹，但设计者并没有隐藏这些痕迹，而是突出了它们。由于这样的间隙痕迹，即图像的裂缝，观图者可以想象出景观的动态性。与此不同的是，最近使用图形软件制作的数字化透视图往往看起来像真实风景的照片，因为这种间隙被消除了[3]。由此，我创造了一个术语——"照片假象（photo-fake）"，用来指代去除了间隙痕迹的数字化景观绘图[4]。"照片假象"模拟了尚未融入现实的景观，就好像这些景观是真实存在的一样。

通过使用图形软件中的各种命令，可以像绘画或作品图片一样创建一张"照片假象"（图10-5）。首先，与有间隙痕迹的拼贴图不同，图像的框架像绘画或照片一样被制成正方形，并在其中创建图像。其次，为了看起来更真实，设定消失点，并列出照片素材，使其看起来逼真，并使用将表现远处景观的照片处理得略微模糊的空气透视法，从而产生深度感。再次，

3
凯伦将拼贴制作技术的这种变化描述为从想象中的"创意投影"过渡到照片般逼真 (photo-realistic) 的"复制投影"。Karen M'Closkey, "Structuring Relations: From Montage to Model in Composite Imaging", in *Composite Landscapes: Photomontage and Landscape Architecture*, Charles Waldheim and Andrea Hansen, eds., Ostfildern: Hatje Cantz Verlag, 2014, p.117.

4
이명준 (Lee, Myeong-Jun), "포토페이크의 조건", 『환경과조경』2013년 7월호, pp.82–87; 이명준, *A Historical Critique on 'Photo-fake' Digital Representation in Landscape Architectural Drawing*, 서울대학교 대학원, 2017; Myeong-Jun Lee and Jeong-Hann Pae, "Photo-fake Conditions of Digital Landscape Representation", *Visual Communication* 17(1), 2018, pp.3–23.

图 10-5
Diller Scofidio+Renfro 等人，狂野的都
市主义，莫斯科扎里亚季公园国际设
计竞争赛，2013 年
Diller Scofidio+Renfro et al., Wild
Urbanism, International Competition for
Zaryadye Park, 2013

5
套用约翰·迪克森·亨特的话说，随
着 Adobe Photoshop 等图形软件的出
现，景观设计变成了"计算机式的
(computeresque)"，它具有"最初的（18
世纪）风景如画的特征"。John Dixon
Hunt, "Picturesque & the America of
William Birch 'The Singular Excellence
of Britain for Picture Scenes'", *Studies
in the History of Gardens and Designed
Landscape* 32(1), 2012, p.3.

更倾向于把景观作为背景，而将人作为观看景观的观众来处理。最后，这样的图像有可能可以比尚未创建的景观更真实地被观者感知。在这些数字化的图像中，可以原封不动地呈现出 18 世纪的自然风景园和 19 世纪纽约中央公园的设计绘图中所体现出的手绘图纸上的特征（参见第 4、5 章）。但这些图像并非必须通过手绘，而是仅使用计算机制图就能获得[5]。

照片假象的得与失

"照片假象（photo-fake）"类图像既有优点也有局限性。

首先，这类图像在数字时代继承了如画美学等景观设计的重要原则和价值。其次，如果能很好地利用图形软件提供的各种命令，就可以描绘出难以用手绘表达的景观的动态性、复杂性、模糊性和自由性。最后，也是最重要的——包括客户在内的公众很容易接受和理解"照片假象"所呈现的景观。

"照片假象"也存在一些局限。首先，图像是视觉媒体，不能完整地体现景观的多感官特性，如声音、气味、味道、触感等。其次，"照片假象"类图像很容易让公众意识到它所描绘的景观是现存的。当然，看到这样合成的未来图像并认为它们是现实的图像的人并不多。但问题在于，在图像的制作过程中，经常会夸大尚未形成的景观。还有一种倾向便是，只选择景观最优美、使用率最高的瞬间，也就是现实中很难发生的景观的理想化瞬间，并将其制作成可供观看的形象[6]。最后，数字制图技术在设计过程中并非用于开发想象性的设计思路，而是作为绘制最终结果的工具性手段来使用[7]。在整个设计过程中，制作真实的图像往往会耗费大量的时间和精力。当然，数字化透视图是一种有用的沟通手段，是设计过程中必不可少的。因此，应该使用"照片假象"类图像来可视化设计理念和愿景，并使其成为在设计过程中产生创意性想法的辅助工具（图10-6）。

6
Karl Kullmann, "Hyper-realism and Loose-reality: The Limitations of Digital Realism and Alternative Principles in Landscape Design Visualization", *Journal of Landscape Architecture* 9(3), 2014, p.22.

7
针对这种现象，卡尔·库尔曼指出，"决定论数字霸权使创造性过程的效果减半了"。Karl Kullmann, "Hyper-realism and Loose-reality: The Limitations of Digital Realism and Alternative Principles in Landscape Design Visualization", *Journal of Landscape Architecture* 9(3), 2014, p.22.

图 10-6
West 8，Iroje 等人，治愈：未来公园，
龙山公园设计国际竞赛，2012 年
West 8 · Iroje et al., Healing: The Future
Park, Yongsan Park Design International
Competition, 2012

绘制动态

　　让我们来关注一下最初提到的虚拟现实视频能使真实图像看起来立体的同时，也会让它移动的事实。如果移动仿若真实一样的形象，就会让人觉得更像现实。因为现实世界的景观是不断移动的。虽然现在用智能手机中的相机也能很容易地捕捉到景观的动态，但是在视频技术发明之前，即在 19 世纪末之前，设计师们曾试图从静止的图像中创造出一种动态的幻影。18 世纪的地图制作者约翰·洛克（John Rocque）在奇斯威克庄园（Chiswick House）的平面图周围画了几幅草图（图 10-7），描绘了庄园访客在移动过程中可以看到的风景。研究艺术、建筑、电影和媒体的朱利亚娜·布鲁诺（Giuliana Bruno）将这种图像的构成方式称为"移动地图：不断变化的视图（mobile mapping：view in flux）"[8]。

　　18 世纪的自然风景园由几个如画的空间组成，仿佛是在

8
Giuliana Bruno, *Atlas of Emotion*：
Journeys in Art，*Architecture*，*and Film*，
New York：Verso, 2002, p.180.

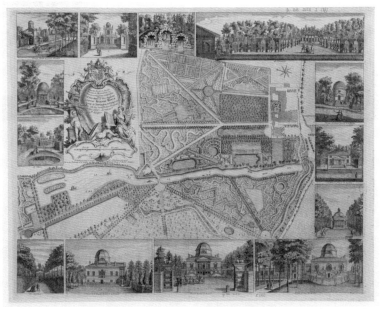

Source:gallica.bnf.fr / Bibliothèque nationale de France

图 10-7
约翰·洛克，奇斯威克的花园和房屋
视图，1736 年
John Rocque, Plan du Jardin et Vuë des
Maisons de Chiswick, 1736

展开一个故事，观赏者在园林中漫步，自然地沉浸到园林的故事和风景之中。有趣的是，这种图像建构方式类似于当时尚未发明的电影制作技术。正如电影利用快速查看多张图像所产生的残像效果来组成场景一样，洛克的地图绘制中排列了在花园中行走时看到的风景，让观者仿佛在园内移动[9]。

雷普顿在《红皮书》中设计了一种新技术，通过对比设计前后的景观，或者通过制作全景形式的透视图来展示景观设计（参见第 4 章）。在雷普顿的图像中，也增添了景观的动感。图 10-8 描绘了从洞穴中走出去的体验，洞内阴暗，

9
布鲁诺将风景画式的园林体验理解为前电影 (pre-cinematic) 时期视觉文化的一种形式。在全景、电影和大城市中出现的运动体验被创造出之前，风景画式园林通过观赏者的动感创造了"地缘精神 (geopsychic)"的可能性。风景园林通过观众的运动创造了"地球心理"的可能性。Giuliana Bruno, *Atlas of Emotion*, *Journeys in Art*, *Architecture*, *and Film*, New York：Verso, 2002, p.194.

图 10-8
汉弗莱·雷普顿，格洛斯特郡布莱斯
城堡，为约翰·斯坎德雷特·哈福德
所有，1796 年
Humphry Repton, Blaise Castle,
Gloucestershire—A Seat of John
Scandrett Harford Esq., 1796

图 10-9
汉弗莱·雷普顿，沃里克郡的斯通利修
道院，为牧师托马斯·利所有，1809
年
Humphry Repton, Stone-Leigh Abbey
in Warwickshire—A Seat of the Revd.
Thomas Leigh, 1809

10
André Rogger, *Landscapes of Taste*：*The
Art of Humphry Repton's Red Books*,
London：Routledge, 2007, pp.79-80.

外面阳光普照的风景令人好奇。洞穴是绘于纸盖上的，如果
把纸盖翻开，就会出现一幅美丽的自然景观图，让观赏者产
生仿佛走出洞穴的错觉[10]。雷普顿还制作了一个视觉图像序
列。他首先呈现了描绘整个景观的图画，然后再展示扩大了
的风景局部的绘图，营造出一种观景者越走越接近的体验（图

10-9、图 10-10）。这种呈
现景观的方法类似于电影
制作的手法，每幅绘图相
当于是从他在自己设计的
花园里散步时拍摄的视频
中剪辑下来的一帧[11]。

图 10-10
汉弗莱·雷普顿，沃里克郡的斯通
利修道院，为牧师托马斯·利所有，
1809 年
Humphry Repton, Stone-Leigh Abbey
in Warwickshire—A Seat of the Revd.
Thomas Leigh, 1809

视频

最近，YouTube 和 Instagram 上的视频内容的生产和消
费正在迅速增加。我们生活的世界总是运动着的，所以呈现
动态图景的视频相比静止的图像更能让人体验到真实。正如
在雷普顿的图绘中所看到的，可以说在影像媒体被发明之前，
景观设计师就已经在试图描绘景观的动态过程了。这是因为
景观设计师设计的景观也总是在变化着的。

现在，与渲染和视频制作相关的软件已经商业化且非
常普遍，可以快速轻松地制作视频[12]。某些情况下，在设
计比赛中也可以提交视频文件。视频画面中，通过在静态
绘图中添加声音和动作，呈现出更接近于现实效果的景观。
2013 年举办的莫斯科扎里亚季公园（Zaryadye Park）国际

11
André Rogger, *Landscapes of Taste*, *The
Art of Humphry Repton's Red Books*,
London：Routledge, 2007, p.82；이
명준·배정한（Lee Myeong-Jun, Pae
Jeong-Hann），"18-19 세기 정원 예술
에서 현대적 시각성의 등장과 반영：픽처
레스크 미학과 험프리 렙턴의 시각 매체
를 중심으로"，『한국조경학지』43(2)，
2015, pp.36-37.

12
Twinmotion、Lumion 等基于游戏引擎
的实时渲染软件，用户界面设计简洁，
即使是初学者也能马上应用植物、人造
材质、灯光、天气效果。

景观设计竞赛的一等奖获得者迪勒·斯科菲迪奥（Diller Scofidio）和伦弗罗（Renfro）的作品《狂野都市化》（*Wild Urbanism*），其参赛文件中，设计师制作了一个新颖且有说服力的演示视频（图10-11），将人类眼睛的高度和鸟瞰图的视点适当地混合在一起，令人印象深刻。在展示一个空间的特征时利用人眼平视的角度，从一个空间移动到另一个空间时利用鸟瞰图的视角沿着建筑物表面移动，有时甚至大胆地穿透建筑，展示了地表与设施物的形态与结构，并显示了公园整体中的细部空间所占据的层次结构及其与公园整体的关系[13]。这种脱离平面的展板，全新展示景观设计的尝试令人雀跃。

13
이명준 (Lee Myeong–Jun)，"조경 설계에서 디지털 드로잉의 기능과 역할"，『한국조경학회지』46(2), 2018, p.9.

图 10-11
Diller Scofidio+Renfro 等人，狂野的都市化，莫斯科扎里亚季公园国际设计竞赛，2013 年
Diller Scofidio+Renfro et al., Wild Urbanism, International Competition for Zaryadye Park, 2013

创建模型

模型是通过缩小或扩大现实世界或设计师头脑中的世界而创建的新世界。模型是感知和理解空间的一种有效方式，因为它被构建为三维立体景象，而不是像速写草图那样以二维图形绘制在纸上。最重要的是，即使是没有受过美术教育的人，也能够很容易地制作出简单的模型。当然，以精确的比例制作复杂的模型与实际绘制模型是一样困难的。随着科技的发展，目前设计师多使用 CAD、SketchUp、Rhino 和 3ds Max 等各种 3D 建模软件进行建模。

手绘建模和计算机建模都只是建模的不同技术途径，重要的是要知道模型制作在景观设计过程中所扮演的角色。首先，可以用模型来表达设计结果。就是将设计师脑海中的景观照原样模仿出来，并将其移植到模型中。也可以制作一个已经建成的花园或公园的模型，而不是脑海中的景观的模型。其次，可以用模型来测试和开发设计创意。当仅凭分析图和手绘草图难以解释三维实体时，可以通过制作模型的方式进行景观模拟。这些结果模型和过程模型是向他人传达设计想法的绝佳沟通工具。

地形形态测试

在打印机的打印设置中，横向长格式被称为"景观模式（landscape mode）"，正如这般，景观（landscape）意味着广阔的土地，这也是景观设计师设计的土地。凯瑟琳·古斯塔夫森（Kathryn Gustafson）和乔治·哈格里夫斯（George Hargreaves）在设计美丽地形方面，是具有代表性的景观设计师，他们的作品以独特而优雅的造型令人印象深刻。古斯塔夫森的设计被解释为"雕刻和塑造大地"的作品，哈格里夫斯的作品则被描述为大规模的"创造地貌（landform）的大地艺术（earthwork）"[1]。

在地形设计过程中，以上两位景观设计师积极地使用了模型。古斯塔夫森用黏土模型研究了光滑的地形，并将它们涂上石膏（图 11-1、图 11-2）。与二维绘图相比，制作三维

1
Leah Levy, *Kathryn Gustafson：Sculpting the Land*, Washington, DC：Spacemaker Press，1998，p.11；Aaron Betsky，"The Long and Winding Path：Kathryn Gustafson Re-Shapes Landscape Architecture"，in *Moving Horizons：The Landscape Architecture of Kathryn Gustafson and Partners*，Jane Amidon ed.，Basel：Birkhäuser，2005，pp.7，10；Karen M'Closkey, *Unearthed：The Landscapes of Hargreaves Associates*，Philadelphia：University of Pennsylvania Press，2013，pp.12-13.

图 11-1
凯瑟琳·古斯塔夫森，贮水池公园，
莫布拉斯，1986 年
Kathryn Gustafson, Retention Basin and
Park, Morbras, 1986

图 11-2
凯瑟琳·古斯塔夫森，贮水池公园模型，
莫布拉斯，1986 年
Kathryn Gustafson, Model of Retention
Basin and Park, Morbras, 1986

2
Jane Amidon, *Moving Horizons: The Landscape Architecture of Kathryn Gustafson and Partners*, Basel: Birkhäuser, 2005, pp.24, 29–30.

3
Kirt Rieder, "Modeling, Physical and Virtual", in *Representing Landscape Architecture*, Marc Treib, ed., London: Taylor & Francis, 2008, pp.169, 171–175.

模型的方式更适用于表现略微倾斜的地形，而黏土模型的极易可塑性也为模型的制作提供了便利。模型在设计师开发创意设计理念，以及向客户和同事展示设计作品时的沟通交流中也很有效[2]。哈格里夫斯还利用沙子制作模型（图 11-3）。运用沙子制作的模型中，沙子所形成的地形角度与实际施工现场的地形角度几乎相同，因此它作为一种设计中的工具起到了能够模拟现实的作用。黏土柔软易操作，可塑性强，这也是它经常被用在表现坡度和交叉路段的设计建模中的原因（图 11-4）[3]。上述两位景观设计师都将模型作为设计过程中开发创意源泉的创造性手段。

图 11-3
哈格里夫斯，烛台点文化公园沙地研究模型，1985-1993 年
Hargreaves Associates, Sand study model of Candlestick Point Park, 1985-1993

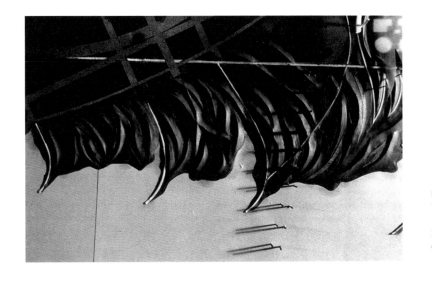

图 11-4
哈格里夫斯设计事务所，塔霍和特兰
曹公园的黏土研究模型，里斯本，
1994 年
Hargreaves Associates, Clay study model
of Parque do Tejo e Trancao, Lisbon,
1994

早期计算机建模

早期的计算机建模是什么样的呢？在讨论这个问题之前，我想简单地提一下当时在模型制作中所使用的计算机建模的方法。当时为了将设计思想体现在现实空间中，需要绘制记录工程指示事项的施工图纸，并且为了绘制精准的施工图而使用了 CAD 软件。黏土和沙子模型制作完成后，先拍摄成照片，而后被翻译成施工图。也就是说，计算机成为将三维模型转换为二维绘图的工具。直到 21 世纪初，这种计算机的工具性功能仍在持续（参见第 7 章）。

有人指出，景观设计中的计算机建模已被用作简单描述

4
Jillian Walliss, Zeneta Hong, Heike
Rahmann and Jorg Sieweke, "Pedagogical
Foundations: Deploying Digital Techniques
in Design/Research Practice", *Journal
of Landscape Architecture* 9(3), 2014,
p.72; Jillian Walliss and Heike Rahmann,
*Landscape Architecture and Digital
Technologies: Re-conceptualising Design
and Making*, London: Routledge, 2016,
p. Ⅶ.

设计结果的工具，而不是在设计过程中生产创意[4]。建模在营造结构的建筑或工程领域被认为是十分重要的。在 20 世纪 90 年代的建筑设计中，有一种趋势是将数字技术作为一种虚构的工具来创建建筑设计中的结构。当时建筑师们为了设计复杂的建筑结构和优美的曲线表面，积极地运用了数字技术。建筑师格雷戈·林恩（Greg Lynn）和彼得·艾森曼（Peter Eisenman）通过应用哲学家吉尔·德勒兹（Gilles Deleuze）提出的"折叠（fold）"概念，对建筑形态的生成进行了实验。从营造建筑形态的逻辑和方法中摒弃了描述表

图 11-5
West 8, 斯波伦堡大桥，1998 年
West 8, Sporenburg Bridges, 1998

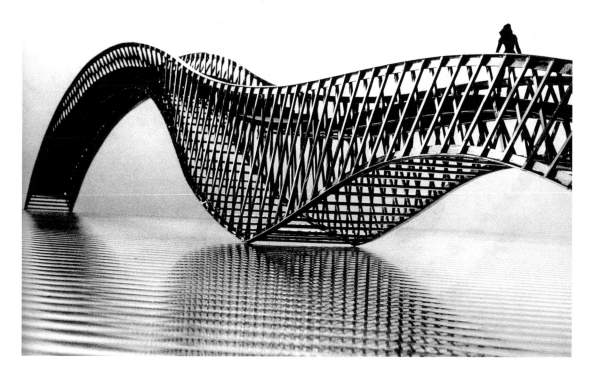

现（representation）方式，代之以算法，设计出三维的复杂结构和曲线型表面[5]。

　　景观设计师们也在相似的时期进行了运用计算机建构形态的实验。然而，在景观设计中，通过图像媒介来表现景观真实性的愿景仍占据重要地位（见第 10 章）。如果说建筑摒弃了形式（representation），那么景观设计就是在图绘描述的传统内又进行了形态塑造的实验（图 11–5 和图 11–6）。

5

Rivika Oxman and Robert Oxman, *Theories of the Digital in Architecture*, London：Routledge, 2014, pp.1, 12.

图 11–6
West 8, 伊韦尔东，1999 年
West 8, Yverdon-les-Bains, 1999

这种差异源于景观设计所涉及的景观的特性。比较而言，如果说建筑是建造结构的话，那么景观就是设计构图；如果说建筑是在三维空间中建造地板、墙壁和屋顶，那么景观设计则同时强调了地平面和立面的美感（见第 2 章）。景观设计师处理的景观会随着时间的推移而不断变化。如果说建筑绘图能看透结构的内部，那么景观图纸通常着重描绘景观的这些方面——例如描绘包括植物在内的自然环境的现象和风景。尽管在景观设计中，长凳、灯和桥墩等结构是通过计算机建模设计的，但显示这些结构如何融入周围环境的透视图渲染仍然很重要。也就是说，"如画的（picturesque）美学"构图传统正在被发现。

景观功能模拟

在景观设计中，不仅把景观的外表画得逼真，还增加了对功能进行建模的实验。景观不是固定的，而是不断变化的，不仅美观，而且具有生态和文化功能。使用变量建模，即参数化建模，可以绘制出景观的不断变化流动的属性。PEG 景观 + 建筑办公室（PEG office of landscape + architecture）运用点和线对水和风等景观功能元素的力、大小和方

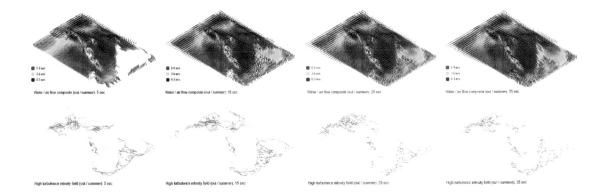

向进行建模（图 11-7），将各种景观功能要素的关系和变化可视化。由于参数化建模允许反馈，因此可以尝试应用多种定量和定性的数据，从而获得"想象景观内在活力的可能性"[6]。

　　越来越多的设计师尝试将计算机建模应用到设计过程中，而不仅仅只是用模型展示设计结果。2009 年由韩国 PARKKIM 事务所设计的"泥浆基础设施（Mud Infrastructure）——杨花汉江公园"，在设计初期对公园的生态性能进行了测试，并运用 Rhino 软件来塑造地表形态[7]。当场地被水淹没时，不断测试地形坡度和形状以刺激水循环，从而能够有效防止泥沙过多地堆积，同时允许适量的泥沙堆积以创造新的生态栖息地（图 11-8、图 11-9）。此外，"唐仁利首尔综合火力发电厂公园化设计竞赛（2013）"的参赛作品《热城》（*Thermal City*）模拟了热舒适性，通过使用韩

图 11-7
PEG 景观 + 建筑事务所，水和空气流动模拟以及由此产生的浑浊区，比斯坎湾，2012 年
PEG Office of landscape+architecture,
Water and air flow simulations with
resulting turbidity zones, Biscayne Bay,
2012

6
Karen M'Closkey, "Structuring
Relations: From Montage to Model in
Composite Imaging", in *Composite
Landscapes*: *Photomontage and
Landscape Architecture*, Charles
Waldheim and Andrea Hansen, eds.,
Ostfildern: Hatje Cantz Verlag, 2014,
pp.126-127.

7
Jillian Walliss and Heike Rahmann,
*Landscape Architecture and Design
Technologies*: *Re-conceptualising Design
and Making*, London: Routledge, 2016,
pp.23-24; 이명준 (Lee Myeong-Jun),
"조경 설계에서 디지털 드로잉의 기능과
역할", 『한국조경학회지』 46(2), 2018,
p.9.

图 11-8
韩国 PARKKIM 设计事务所，泥浆基础
架构，2009 年
오피스박김 , 머드 인프라스트럭처 ,
2009

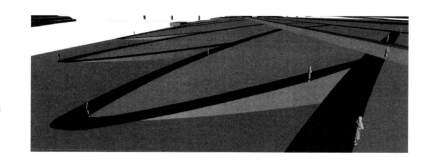

图 11-9
韩国 PARKKIM 设计事务所，泥浆基础
架构，犀牛模型，2009 年
오피스박김 , 머드 인프라스트럭처 라이
노 모델 , 2009

8
Jillian Walliss and Heike Rahmann,
*Landscape Architecture and Digital
Technologies*: *Re-conceptualising Design
and Making*, London: Routledge, 2016,
pp.116–117.

国的暖炕系统，设计师采用了一种策略来控制场地的温度，即通过暖炕地形下的管道，从场地地下室流出热水，在设计放置炕形地形的形状时使用了虚拟仿真技术。通过以上方式，设计师设计了场地的小气候以及景观的形状[8]。

加工技术

施工常被认为是设计之后的过程。如果施工结果和设计
方案不同，就会被批判说这是施工和设计的背离。其实，施
工是设计过程的一部分。没有材料和加工技术，设计方案不

图 11-10
古斯塔夫森·波特，戴安娜·威尔士
王妃纪念泉，2004 年
Gustafson Porter, Diana, Princess of
Wales Memorial Fountain, 2004

9

Jillian Walliss and Heike Rahmann, *Landscape Architecture and Digital Technologies: Re-conceptualising Design and Making*, London: Routledge, 2016, pp. XX–XXI.

10

使用 GOM 扫描仪从石膏模型创建三维点云，转换为三维 CAD 模型，制成果冻模具，然后分成 549 个三维块以创建具体形状。如何应用纹理也很重要。从照片中提取的石材表面纹理在 3ds max 中应用于数字模型并进行连续测试。数字模型实际上是经过加工并经过数次使用数字技术修改测试后构建的。Jillian Walliss and Heike Rahmann, *Landscape Architecture and Digital Technologies: Re-conceptualising Design and Making*, London: Routledge, 2016, pp.178–184.

可能在现实世界中产生。吉莉安·沃利斯（Jillian Walliss）和海克·拉曼（Heike Rahmann）批评说，在设计过程中，"艺术框架（artistic framing）"被特权化，施工技术的作用被缩小了，"创造性应该被定义为包括设计理念的展开、材料和施工"[9]。从相当于"艺术（art）"之意的古希腊语"技术（techne）"的释读中，可以发现这一词的解释中包括了绘画、音乐、雕塑、建筑以及各种制作技术，由此可见艺术显然包含着技术。2004 年由古斯塔夫森·波特事务所（Gustafson Porter）设计的"戴安娜·威尔士王妃纪念泉"，初看起来像一个简单的环形石质喷泉（图 11-10），但是走近一看，就会发现这个喷泉的构造是被精心设计过的。在设计中喷泉被巧妙地调整了坡度，既可以作为水路，也可以作为长凳，水沿着许多光滑的凹槽流动时，会细碎四散（图 11-11 和图 11-12）。如果没有加工技术，就不可能展现出喷泉序列的细节。古斯塔夫森在最初的构思阶段通过制作黏土模型，设计出大致的形状，再将其制成石膏模型，并与汽车和飞机领域的几位工程师合作，最终成功完成喷泉的施工。在这里，加工过程的功能是作为"一个不降低设计诗意，而是实现设计师创造性设计规划的基本过程"[10]。

图 11-11
古斯塔夫森·波特，戴安娜·威尔士王妃纪念泉，2004 年
Gustafson Porter, Diana, Princess of Wales Memorial Fountain, 2004

图 11-12
古斯塔夫森·波特，戴安娜·威尔士王妃纪念泉，2004 年
Gustafson Porter, Diana, Princess of Wales Memorial Fountain, 2004

可视化的设计

自景观都市主义出现以来，现代主义景观中所强调的纯粹的造型形式设计相对转向了过程设计。随着景观设计在风景园林实践和教育中所占比例不断增加，可视化设计再次受到了关注[11]。在 2018 年首尔园博会设计师设计园中，纯粹以造型语言设计的花园成为热门话题——即在 SUBDIVISION

11
当然，流程设计并不是没有设计形态。景观都市主义者还使用生态过程来创造形状。PARKKIM 设计事务所的作品可以理解为过程设计，因为它通过模拟自然和城市过程来推导出景观的形状。

设计事务所任主要设计师的 Na Sung-Jin 设计的"个人野餐（Individual Picnic）"花园（图 11-13 ～图 11-15）。这个花园是用 Rhino 结合 Grasshopper 软件进行参数化建模的[12]。将具有优美曲线型表面的构造物，以看似规则实则不规则的形式进行排列，让构造物呈现出令人赏心悦目之景。这是一种基于计算机生成的"可视化"设计作品，在韩国景观设计

12
나성진 (Na Sung-Jin), "파라메트릭 정원",『환경과조경』2019 년 1 월호, pp.102–107.

图 11-13
Na，Sung-Jin，个人野餐，2018 年
나성진 , 개인의 피크닉 , 2018

Sculptures

Stipa Tenuissima

Cobblestones

Seoul Sky

Individual Stool

개인의 피크닉. 주말의 한가운데 여의 공원에서의 소풍. 여러분들은 무슨 생각이신가요? 안락한 가족, 연인과의 나들이가 인생에서 얼마나 가능한가요? 여의도의 고가의 아파트들이 초라한 내 인생을 내려다보고 있지는 않나요? 잊어낼 수 없는 일상의 짐들을 '피크닉'이라는 누군가 환상이 더 무겁게 만들지는 안나요? 누구의 소풍도 아닌데, 뭔가 나아지기를 바라고 나은 것도 아닌데, 웨 그저 평범하게 웃고 떠드는 사람들의 모습이 나를 더 초라하게 만들까요. 슬기운이 제 가시지 않아 잠깐 바람 쐬러 나온 자리인데, 새로운 한 주가 내 목을 다시 피어오기 전에 술을 좀 고르고 싶었던 것뿐인데, 웨 그대들의 행복이 내 인생을 더 불행하게 만들까. 모두를 위한 피크닉인가요? 모두가 원하는 삶을 그리고 있나요? 이런 말 수 없는 별동감은 나 혼자만의 이야기인가요? 아니 그 전에 여러분들은 지금의 모습만을 행복하신가요? 사실은 저처럼 혼자만의 시간이 더 필요하시지는 않은가요?

I n d i v i d u a l   P i c n i c
0   2.5   5.0   7.5   10.0   12.5m

필수염들(Stipa Tenuissima)은 정원 박람회의 어느 수종들만큼 화려한 선택은 물론 아니다. 그 스스로 주목을 끌기보다 공간을 부드럽게 감싸는 식재 메스(Planting Mass)로서 정원의 개인들에게 필요한 만큼의 시간을 줄 수 있기를 바란다.

개인의 피크닉을 위한 정원은 여러 Leaf(화이트메탈), Planting Mass, 그리고 패턴의 교차에 의해 엇갈린 공간들을 제공한다. 각 공간은 서로 다른 방향을 향하며 개인의 시선은 분산된다. 때로는 교차하지 않는 소통이 더 솔직한 관계 위에 있을지도 모른다.

Leaf(화이트메탈)는 90도 Arc를 변형한 하나의 단위모듈로 불규칙하게 반복되어 정원 내 다양한 장소들을 만들어낸다. '즐거운 소통'이 상정한 의미를 모두에게 똑같이 투영(Projection)하기보다 다른 맥락의 다른 개인들에게 더 어울릴 수 있다.

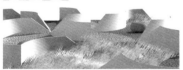
Empirical Landscape

Individual Picnic

Separation Leafs

图 11-14
Na Sung-Jin, 个人野餐, 2018 年
나성진, 개인의 피크닉, 2018

图 11-15
Na Sung-Jin, 个人野餐, 2018 年
나성진, 개인의 피크닉, 2018

13
https://lak.co.kr/greenn/view.
php?cid=65335

中相当少见。Na Sung-Jin 一直在使用计算机建模，以此来
设计难以用手工制作的景观设施物。在"双曲线乒乓球花
园"设计中，罗盛镇通过模拟风而设计了一种具有流动形
态的凉棚[13]。在他的作品中，计算机技术是模拟景观性能的
工具性手段，同时还具有生成优美形态的艺术想象性功能。

景观设计的开始

　　模仿是创造之母——这是在设计初步课上，我询问了一个学生能否讲述一下自己的设计理念，他摆弄着智能手机向我展示了几张照片，我问他他的想法是什么，他回答了我这句话。最近，1990 年代出生的新职员开始陆续进入职场，他们被定义为与上一代人非常不同的群体，同时也被视为一种特殊的社会现象。如果说 1990 年代出生的人进入了职场开始社会生活，那么 2000 年代出生的人就坐在教室里。起初，我对通过毫不犹豫地在 Pinterest 和 YouTube 上翻阅无数的图片和视频后，再进行的模仿设计创作感到很陌生。但回想起来，"模仿是创造之母"这句话我在学生时代也曾经说过。我是 1983 年出生的，复读后考入首尔大学风景园林专业，成为一名 2003 级的本科生。那时，也即 21 世纪初，"즐"（网

络新造语，意为"请走开"）和"뷁"（以"break it"的读音
创造的韩文网络用语）两个新兴词汇在年轻人中开始使用且
十分流行，这两个词的创造其实也属于"模仿是创造之母"
的产物。将著名设计师的展板图像珍藏在移动硬盘里，或者
通过翻阅图书馆里最新国内外设计杂志和作品集，并附上便
利贴以作标记，这些行为都在说明我们正在辛勤地消费着设
计图像。在设计过程的案例研究阶段，隐含着设计创造之前
的模仿机制。没有全新的设计，但是，模仿并不等于抄袭。
我们会考察过去作品中的设计，同时去学习其中的优点，以
此来产生具有独创性的设计想法和理念。在当今这个信息发
达且流动迅速的社会出生并长大的年轻人，他们已经习惯了
可以随意查看大量图像的生活。每个人都有可以尽情消费好
的设计作品图像的工具（如手机、电脑），实现了图像消费
的平等化。

消失的手绘

当今发生改变的另一件事，就是手绘课程减少了。这是
从我学生时代开始就一直持续存在的现象。虽然有过景观素
描和景观构图课，但之后画的手绘图都是画在描图纸上的设

计分析图，或是为了参加景观工程师证书考试而通过手绘来练习案例作品的绘制。随着第四次工业革命的到来，计算机技术的应用受到推崇，手绘课似乎正在进一步减少。尤其是韩国的风景园林专业设置在理工科体系的情况很多，像我这样的理科生很难习惯手绘，同时我们也被认为并不是普遍运用计算机制图的一代。虽然手绘在风景园林专业的教育中并不是绝对必要的，但是也有人对手绘是否应该被淘汰心存疑虑。手绘和计算机绘图只是具有不同特性的可视化技术，如何在设计过程中使用它们更为重要（请参见第7章）。归根结底，景观设计师是设计景观的专门人员，而不是画家或图形技术人员。

回归本源

景观设计具有同时强调土地的平面布局和包括植物在内的景物的立面的特性，平面图和剖立面图类似于结合透视图的二重投影（planometric）技术的绘图形式（参见第2章）。尽管如此，绘图只是二维可视化方式。制图和草绘并不是景观绘图的全部。与二维平面相比，三维模型更像是空间设计的绘图。事实上，平面图、剖立面图、透视图等绘图类型是在设计空间并实际创建景观之前，以二维绘图的形式来有效地展示设计的图像体系。如果说在处理大型场地时制作的小模型具有鸟瞰地形和地势的作用，那么在设计场地较小的情况下，大比例的模型可以起到更细致地展示空间的作用。在小规模的场地设计中，模型比例越大，就越接近现实，也就是说模型的尺寸和实际设计场地的规模越接近，该模型就越像现实景观。使用真实材料，在实际设计场地制作 1 : 1 比例的模型，也即最终的景观设计作品。

尝试更改顺序

模型是设计初步教学中极易使用的绘图工具。即使是不熟悉素描或绘画的学生，也会毫不犹豫地认为模型是"制作"而成的。当设计场地较小时，模型作为设计工具的性能将得到充分发挥。为了制作等高线，也可以使用泡沫板，除了坚硬的材料外，还可以用能够自由地揉搓成地面形状的柔软的黏土。重要的是将模型视为设计过程中的工具，而不是设计的结果。与其在绘制平面图、剖立面图和透视图后制作模型，不如更改顺序，先设计模型，然后进行绘图。从三维开始设计，而不是从二维开始。尽管如此，二维图纸在设计过程中仍然发挥着重要作用。分析图非常有用，通过它们可以立即了解设计场地的当前状态，并对景观空间的各个部分赋予功能，可用以思考分区的关系和构成。此外，仅通过绘制地形的标高来理解结构时，再没有像剖面图这样合适的绘图类型了。不要执著于完美的平面图设计，可以尝试着从三维角度来完成"总体（master）"的平面（plan）规划设计。因为，空间是立体的。

规模和材料

　　需要理解的是，规模并不是一个复杂的数字，它具有缩小和扩大空间尺度的属性，认识到这一点很重要。而模型对于理解这些规模的属性很有用。因为在模型中使用了按比例配置的人体模型，就像在平面图、剖立面图、透视图中，通过绘制人物来衡量景观的大小一样，在模型中，人体模型在空间尺度大小的衡量和设计方面发挥着关键作用。可以根据人体模型推测并制作长凳和楼梯的高低，以及人行道的坡度。虽然它可能不是平面图上显示的确切数字，但它是想象空间规模和各个元素的好工具。倘若要估算一个空间的实际大小的话，使用的人体模型是越大越好的。然而，将如此大规模的人体模型用于和设施设计不同的景观设计中，却是很少见的。针对较小的设计场地的情况，可以用 1∶50 或 1∶100 的人体模型比例进行测试（图 12-1、图 12-2）。

如果想要显露出地表的某种程度的形态，那么可以试着给地表"穿上衣服"，这也很有趣。土地的形态很重要，最好稍加装饰。在基础设计阶段，直接寻找合适的造景材料，并将其进行实际应用，可以获得很宝贵的操作经验。景观总是在变化着的，夜以继日，春秋冬夏，或是经过更长的时间，每一瞬间都展现出不同的面貌。学生们各自用模型制造出他们所想象的景观——有的学生在模型中装饰了落叶，表现出

图 12-1
黄辰浩、孙文萱、刘培嵩，中国园林，混合材料模型，中国河北地质大学公共设计系列 1，2019 年
Huang Chengao, Sun Wenxuan, Liu Peisong, Chinese Garden, Mixed Material Model, Hebei University of Geosciences, Open Space Design Studio 1, 2019

图 12-2
孙也、丁路丹、潘佳琪，中国园林，混
合材料模型，中国河北地质大学公共设
计系列 1，2019 年
Sun Ye, Ding Ludan, Pan Jiaqi, Chinese
Garden, Mixed Material Model, Hebei
University of Geosciences, Open Space
Design Studio 1, 2019

秋天的情趣；有的学生将一根根光秃秃的树枝收集起来，用绳子缠住这些树枝，好像给它们穿上了暖和的冬衣（图 12-3）；也有学生在校园里的某个地方找到了苔藓，并将它们移植到自己的模型中（图 12-4），说自己很喜欢苔藓的味道。这些都让作为老师的我甚感欣慰。购买成品模型也是可以的，但是回收利用周围的自然素材和人工材料来做模型的经验也是必要的。模型完成后，再绘制平面图（图 12-5 ～图 12-8）。如果从上面看模型，便是俯视图，再用相机拍出自己想要的大小的照片，照原样画出来就成了平面图。

图 12-3
Kim Jae-Heon, Lee Sang-Yeong, 校园
广场 1, 混合材料模型, 韩国嘉泉大学
公共设计基础实习 2, 2018 年
김재헌 · 이상영 , 캠퍼스 광장 1, 혼합재
료 모형 , 가천대학교 공공디자인기초실
습 2, 2018

图 12-4
Jo Su-Bin, Jeon So-Hui, 校园广场 1,
混合材料模型, 韩国嘉泉大学公共设计
基础实习 2, 2018 年
조수빈 · 전소희 , 캠퍼스 광장 1, 혼합재
료 모형 , 가천대학교 공공디자인기초실
습 2, 2018

图 12-5
Oh Ji-Woo, Kim Seung-Taek, 校园广场
2, 混合材料模型, 韩国嘉泉大学公共
设计基础实习 2, 2018 年
오지우·김승택, 캠퍼스 광장 2, 혼합재
료 모형, 가천대학교 공공디자인기초실
습 2, 2018

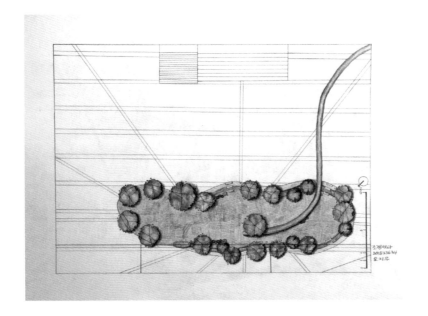

图 12-6
Oh Ji-Woo, 校园广场 2, 平面图, 韩国
嘉泉大学公共设计基础实习 2, 2018 年
오지우, 캠퍼스 광장 2, 평면도, 가천대
학교 공공디자인기초실습 2, 2018

图 12-7
Choe Ha-Eun，校园广场 2，混合材料
模型，韩国嘉泉大学公共设计基础实
习 2，2018 年
최하은，캠퍼스 광장 2，혼합재료 모
형，가천대학교 공공디자인기초실습 2，
2018.

图 12-8
Choe Ha-Eun，校园广场 2，平面图，
韩国嘉泉大学公共设计基础实习 2，
2018 年
최하은，캠퍼스 광장 2，평면도，가천대
학교 공공디자인기초실습 2，2018.

景观设计师的开始

　　手工制作模型的过程与计算机绘图相类似，但方式不同。在使用计算机软件进行设计时，是通过在三维空间和二维空间之间自由移动来发展创意的。如果把模型从计算机显示器中"拿"出来，使用我们的手亲身体验揉搓它的乐趣，可能会认识到做模型的美妙之处在于能够触碰并体验它真实存在的属性。设计过程中，手工建模和计算机建模能够自由替换来做是最好的。在学习计算机软件之前，使用模型进行设计是为了让学生了解景观设计所要具备的基础知识，即对比例、材料、设计过程，以及对二维图形和三维空间之间关系的良好认知进行训练。

　　制作模型和玩电脑游戏很像。创建园林和城市的游戏基本上是在三维的虚拟空间中放置和植入自然、城市的各种元素来创造空间的。最近流行的实时渲染软件借助游戏的属性设计而成，所以它可以迅速地渗透到熟悉这种媒体文化的人群中[1]。此外，现在的新一代年轻人不仅熟悉计算机和手机带来的数字文化，而且喜欢包括公仔和玩偶在内的实体媒介，还喜欢制作模型。更重要的是，模型最能体现景观设计的本质——同时强调平面的构成和立面的外观。从上面看模型，

[1]
当然，景观设计师需要知道如何着手做设计，而不是像在电脑游戏中那样放置已经设计好的设施。

我们往往对"基础"这个词很吝啬，这可能是因为它具有尚未达到标准的含义。近期，我觉得景观设计教育中的基础很重要。在对景观设计缺乏认识的社会现实中，和还不了解景观设计的人一起思考应该开始怎样学习景观设计是一件非常愉快的事情。以"开始"一词的期待感写下了"景观设计师的开始"。

可以获得一个平面（plan），从正面看模型，可以获得一个立面（elevation），以稍倾斜的透视视角（perspective）翻转模型，便可以模拟出所要设计的景观。在景观设计初级阶段的教育 [2] 中，模型成为一种有趣的工具。

结束语

　　为了批评现在，这本书采取了召唤历史的方式。老的绘图之所以占很大比重，是因为在景观设计教育中，历史图绘被忽视，计算机软件制图占统治地位，甚至最近连手绘的感觉都很难体验到，相信被尘封的旧绘图能够给现在的设计实践、理论和教育带来很大的启示。旧绘图从一开始就不是旧的，它们当时是最新技术集成的产物。勒诺特尔绘制的多个平面图获得了当时最新测量技术的帮助，奥姆斯特德的中央公园设计运用了刚发明的摄影技术，麦克哈格努力将计算机和航拍技术引入景观规划。目前，景观设计仍采用最新的分析、建模、模拟、图形、施工技术。现在这一刻也即将尘埃落定成为历史。本书考察了在各种绘图类型和分析图上出现的技巧，照片和各种计算机软件等技术运用到设计中的方式在过去和现在的共鸣情况，并思考了我们现在应该如何"绘图"。

近年来，在景观设计中，通过密切研究多样化和海量的景观数据来设计广阔区域的策略被强调，同时，为景观空间创建设计标识的创意变得越来越重要。此外，在合理规划景观长期使用过程的同时，设计精美的景观形态的策略也成为要求。在本书的开头，我解释了雷普顿作为测量员和画家绘制的图纸，并谈到了景观设计（或景观设计师）以及景观绘图所具有的"科学工具"和"艺术想象力"的矛盾特征。我认为经常将这两个相反的特征放在一起考虑是景观设计的宿命，这可能是我们在景观设计的现在和未来所能采取的最明智的态度。

参考文献

- Aaron Betsky, "The Long and Winding Path: Kathryn Gustafson Re-Shapes Landscape Architecture", in *Moving Horizons: The Landscape Architecture of Kathryn Gustafson and Partners*, Jane Amidon ed., Basel: Birkhäuser, 2005.

- Adriaan Geuze, "Introduction", in *West 8*, Luca Molinari, ed., Milano: Skira Architecture Library, 2000.

- Alison B. Hirsch, "Introduction: the Landscape Imagination in Theory, Method, and Action", in *The Landscape Imagination: Collected Essays of James Corner 1990–2010*, James Corner and Alison B. Hirsch, eds., New York: Princeton Architectural Press, 2014.

- Alison B. Hirsch, "Scoring the Participatory City: Lawrence (& Anna) Halprin's Take Part Process", *Journal of Architectural Education* 64(2), 2011.

- Allen S. Weiss, "Dematerialization and Iconoclasm: Baroque Azure", in *Unnatural Horizons: Paradox & Contradiction in Landscape Architecture*, New York: Princeton Architectural Press, 1998.

- Allen S. Weiss, *Mirrors of Infinity: The French Formal Garden and 17th-Century Metaphysics*, New York: Princeton Architectural Press, 1995.

- André Rogger, *Landscapes of Taste: The Art of Humphry Repton's Red Books*, London: Routledge, 2007.

- Andrea Hansen, "Datascapes: Maps and Diagrams as Landscape Agents," in *Representing Landscapes: Digital*, Nadia Amoroso, ed., London: Routledge, 2015.

- Anette Freytag, "Back to Form: Landscape Architecture and Representation in Europe after the Sixties", in *Composite Landscapes: Photomontage and Landscape Architecture*, Charles Waldheim and Andrea Hansen, eds., Ostfildern: Hatje Cantz Verlag, 2014.

- Angela Tinwell et al., "Facial Expression of Emotion and Perception of the Uncanny Valley in Virtual Characters", *Computers in Human Behavior* 27, 2011.

- Anne Whiston Spirn, "Ian McHarg, Landscape Architecture, and Environmentalism: Ideas and Methods in Context", in *Environmentalism in Landscape Architecture*, Michel Conan, ed., Washington, DC: Dumbarton Oaks Research Library and Collection, 2000.

- Antoine Picon, "Substance and Structure II: The Digital Culture of Landscape Architecture", *Harvard Design Magazine* 36, 2013.

- Arthur J. Kulak, "Prospect: The Case for CADD", *Landscape Architecture* 75(4), 1985.

- Bruce G. Sarky, "Confessions of a Computer Convert", *Landscape Architecture* 78(5), 1988.

- Carl Steinitz, Paul Parker, and Lawrie Jordan, "Hand drawn Overlays: Their History and Prospective Uses", *Landscape Architecture* 66, 1976.

- Charles E. Beveridge and David Schuyler, eds., *The Papers of Frederick Law Olmsted: Volume III, Creating Central Park 1857-1861*, Baltimore: The Johns Hopkins University Press, 1983.

- Charles E. Beveridge and Paul Rocheleau, *Frederick Law Olmsted: Designing the American Landscape*, New York: Rizzoli International Publications, 1995.

- Charles Waldheim, "Landscape as Architecture", *Studies in the History of Gardens & Designed Landscapes* 34(3), 2014.

- Charles Waldheim, *Landscape as Urbanism*, Princeton: Princeton University Press, 2016.

- Charles William Eliot, Charles Eliot, *Landscape Architect*, Boston: Houghton Mifflin, 1902.

- Christopher Marcinkoski, "Chunking Landscapes", in *Representing Landscapes: Digital*, Nadia Amoroso, ed., London: Routledge, 2015.

- D. R. Edward Wright, "Some Medici Gardens of the Florentine Renaissance: An Essay in Post-Aesthetic Interpretation", in *The Italian Garden: Art, Design and Culture*, John Dixon Hunt, ed., Cambridge:

Cambridge University Press, 1996.

- Dorothée Imbert, "Skewed Realities: The Garden and the Axonometric Drawing", in *Representing Landscape Architecture*, Marc Treib, ed., London: Taylor & Francis, 2008.

- Dorothée Imbert, "The Art of Social Landscape Design", in *Garrett Eckbo: Modern Landscapes for Living*, Marc Treib and Dorothée Imbert, eds., Berkeley: University of California Press, 1997.

- Elizabeth K. Meyer, "The Post-Earth Day Conundrum: Translating Environmental Values into Landscape Design", in *Environmentalism in Landscape Architecture*, Michel Conan, ed., Washington, DC: Dumbarton Oaks Research Library and Collection, 2000.

- Elke Mertens, *Visualizing Landscape Architecture*, Basel: Birkhäuser, 2010.

- Erik de Jong, "Landscapes of the Imagination", in *Landscapes of the Imagination: Designing the European Tradition of Garden and Landscape Architecture 1600-2000*, Erik de Jong, Michel Lafaille and Christian Bertram, eds., Rotterdam: NAi Publishers, 2008.

- F. Hamilton Hazelehurst, *Gardens of Illusion: The Genius of André Le Nostre*, Nashiville: Vanderbilt University Press, 1980.

- Frederick Steiner, "Revealing the Genius of the Place: Methods and Techniques for Ecological Planning", in *To Heal the Earth: Selected Writings of Ian L. McHarg*, Ian L. McHarg and Frederick Steiner, eds., Washington, DC: Island Press, 1998.

- Georges Farhat, "Optical Instrumenta[liza]tion and Modernity at Versailles: From Measuring the Earth to Leveling in French Seventeenth-Century Gardens", in *Technology and the Garden*, Michael G. Lee and Kenneth I. Helphand, eds., Washing DC: Dumbarton Oaks Research Library and Collection, 2014.

- Georgio Vasari, "Niccolò, Called Tribolo", in *Lives of the Most Eminent Painters, Sculptors & Architects: Volume VII*, Tribolo to Il Sodoma, Gaston du C. De Vere, trans., London: Philip Lee Warner, Publisher to the Medici Society, 1914.

- Giuliana Bruno, *Atlas of Emotion: Journeys in Art, Architecture, and Film*, New York: Verso, 2002.

- Hyung-Min Pai, *The Portfolio and the Diagram: Architecture, Discourse, and Modernity in America*, Cambridge, MA: The MIT Press, 2002.

- Ian L. McHarg, *A Quest for Life: An Autobiography*, New York: John Wiley & Sons, 1996.

- Ian L. McHarg, Arthur H. Johnson, and Jonathan Berger, "A Case Study in Ecological Planning: The Woodlands, Texas", in *To Heal the Earth: Selected Writings of Ian L. McHarg*, Ian L. McHarg and Frederick Steiner, eds., Washington, DC: Island Press, 1998.

- Ian L. McHarg, *Design with Nature*, New York: Natural History Press, 1969.

- Isabelle Auricoste, "The Manner of Yves Brunier", in *Yves Brunier: Landscape Architect*, Michel Jacques, ed., Basel: Birkhäuser, 1996.

- Jacqueline Tyrwhitt, "Surveys for Planning", in *Town and Country Planning Textbook*, APRR, ed., London: The Architectural Press, 1950.

- James Corner and Alex S. MacLean, *Taking Measures Across the American Landscape*, New Haven and London: Yale University Press, 1996.

- James Corner and Alison Bick Hirsch, eds., *The Landscape Imagination: Collected Essays of James Corner 1990-2010*, New York: Princeton Architectural Press, 2014.

- James Corner and Stan Allen, "Emergent Ecologies", in *Downsview Park Toronto*, Julia Czerniak, ed., Munich: Prestel Verlag, 2001.

- James Corner, "Aerial Representation and the Making of Landscape", in *Taking Measures Across the American Landscape*, New Haven and London: Yale University Press, 1996.

- James Corner, "Eidetic Operations and New Landscapes", in *Recovering Landscape: Essays in Contemporary Landscape Architecture*, James Corner, ed., New York: Princeton Architectural Press, 1999.

- James Corner, "Representation and Landscape: Drawing and Making in the Landscape Medium", *Word & Image: A Journal of Verbal/Visual*

Enquiry 8(3), 1992.

- James Corner, "The Agency of Mapping: Speculation, Critique and Invention", in *Mappings*, Denis Cosgrove, ed., London: Reaktion Books, 1999.

- James Palmer and Erich Buhmann. "A Status Report on Computers", *Landscape Architecture* 84(7), 1994.

- James S. Ackerman, "The Conventions and Rhetoric of Architectural Drawing", in *Origins, Imitation, Conventions: Representation in the Visual Arts*, James S. Ackerman, ed., Cambridge, MA: MIT Press, 2002.

- James S. Ackerman, "The Photographic Picturesque", in *Composite Landscapes: Photomontage and Landscape Architecture*, Charles Waldheim and Andrea Hansen, eds., Ostfildern: Hatje Cantz, 2014.

- Jane Amidon, *Moving Horizons: The Landscape Architecture of Kathryn Gustafson and Partners*, Jane Amidon ed., Basel: Birkhäuser, 2005.

- Jillian Walliss and Heike Rahmann, *Landscape Architecture and Digital Technologies: Re-conceptualising Design and Making*, London: Routledge, 2016.

- Jillian Walliss, Zeneta Hong, Heike Rahmann and Jorg Sieweke, "Pedagogical Foundations: Deploying Digital Techniques in Design/Research Practice", *Journal of Landscape Architecture* 9(3), 2014.

- John Dixon Hunt, "Picturesque & the America of William Birch 'The Singular Excellence of Britain for Picture Scenes'", *Studies in the History of Gardens and Designed Landscape* 32(1), 2012.

- John Dixon Hunt, *Gardens and the Picturesque: Studies in the History of Landscape Architecture*, Cambridge, MA: MIT Press, 1992.

- John Dixon Hunt, *Greater Perfections: The Practice of Garden Theory*, Philadelphia: University of Pennsylvania Press, 2000.

- John Dixon Hunt, *The Figure in the Landscape: Poetry, Painting, and Gardening during the Eighteenth Century*, Baltimore: The Johns Hopkins University Press, 1989.

- Joseph Disponzio, "Landscape Architecture/ure: A Brief Account of Origins", *Studies in the History of Gardens & Designed Landscapes*

34(3), 2014.

- Karen M'Closkey, "Structuring Relations: From Montage to Model in Composite Imaging", in *Composite Landscapes: Photomontage and Landscape Architecture*, Charles Waldheim and Andrea Hansen eds., Ostfildern: Hatje Cantz Verlag, 2014.

- Karen M'Closkey, *Unearthed: The Landscapes of Hargreaves Associates*, Philadelphia: University of Pennsylvania Press, 2013.

- Karl Kullmann, "Hyper-realism and Loose-reality: The Limitations of Digital Realism and Alternative Principles in Landscape Design Visualization", *Journal of Landscape Architecture* 9(3), 2014.

- Kirt Rieder, "Modeling, Physical and Virtual", in *Representing Landscape Architecture*, Marc Treib, ed., London: Taylor & Francis, 2008.

- Landscape Architecture Research Office, Graduate School of Design, Harvard University, *Three Approaches to Environmental Resource Analysis*, Washington, D.C.: The Conservation Foundation, 1967.

- Laurie Olin, "More than Wriggling Your Wrist (or Your Mouse): Thinking, Seeing, and Drawing", in *Drawing/Thinking: Confronting an Electronic Age*, Marc Treib, ed., London: Routledge, 2008.

- Leah Levy, *Kathryn Gustafson: Sculpting the Land*, Washington, DC: Spacemaker Press, 1998.

- Lev Manovich, *Software Takes Command*, New York: Bloomsbury Academic, 2013.

- Lev Manovich, *The Language of New Media*, Cambridge, MA: MIT Press, 2001.

- Lolly Tai, "Assessing the Impact of Computer Use on Landscape Architecture Professional Practice: Efficiency, Effectiveness, and Design Creativity", *Landscape Journal* 22(2), 2003.

- Marc Treib, "Introduction", in *Drawing/Thinking: Confronting an Electronic Age*, Marc Treib, ed., London: Routledge, 2008.

- Marc Treib, "Introduction", in *Representing Landscape Architecture*, Marc Treib, ed., London: Taylor & Francis, 2008.

- Margot Lystra, "McHarg's Entropy, Halprin's Chance: Representations of Cybernetic Change in 1960s Landscape Architecture", *Studies in the History of Gardens & Designed Landscapes* 34(1), 2014.
- Mark R. Stoll, *Inherit the Holy Mountain: Religion and the Rise of American Environmentalism*, New York: Oxford University Press, 2015.
- Mark Treib, "On Plans", in *Representing Landscape Architecture*, Marc Treib, ed., London: Taylor & Francis, 2008.
- Morrison H. Heckscher, *Creating Central Park*, New York: The Metropolitan Museum of Art, 2008.
- Myeong-Jun Lee and Jeong-Hann Pae, "Nature as Spectacle: Photographic Representations of Nature in Early Twentieth-Century Korea", *History of Photography* 39(4), 2015.
- Myeong-Jun Lee and Jeong-Hann Pae, "Photo-fake Conditions of Digital Landscape Representation", *Visual Communication* 17(1), 2018.
- Nadia Amoroso, "Representations of the Landscapes via the Digital: Drawing Types", in *Representing Landscapes: Digital*, Nadia Amoroso, ed., London: Routledge, 2015.
- Nick Chrisman, *Charting the Unknown: How Computer Mapping at Harvard Became GIS*, Redlands, CA: ESRI Press, 2006.
- Odile Fillion, "A Conversation with Rem Koolhaas", in *Yves Brunier: Landscape Architect*, Michel Jacques, ed., Basel: Birkhäuser, 1996.
- Paul F. Anderson, "Stats on Computer Use", *Landscape Architecture* 74(6), 1984.
- Raffaella Fabiani Giannetto, *Medici Gardens: From Making to Design*, Philadelphia: University of Pennsylvania Press, 2008.
- Richard Weller, "An Art of Instrumentality: Thinking through Landscape Urbanism", in *The Landscape Urbanism Reader*, New York: Princeton Architectural Press, 2006.
- Richard Weller and Meghan Talarowski, eds., *Transacts: 100 Years of Landscape Architecture and Regional Planning at the School of Design of the University of Pennsylvania*, San Francisco: Applied Research and Design Publishing, 2014.
- Rivika Oxman and Robert Oxman, *Theories of the Digital in Architecture*, London: Routledge, 2014.
- Robert D. Yaro, "Foreword", in *To Heal the Earth: Selected Writings of Ian L. McHarg*, Ian L. McHarg and Frederick Steiner, eds., Washington, DC: Island Press, 1998.
- Roberto Rovira, "The Site Plan is Dead: Long Live the Site Plan", in *Representing Landscape: Digital*, Nadia Amoroso, ed., London: Routledge, 2015.
- Sara Cedar Miller, *Central Park, an American Masterpiece: A Comprehensive History of the Nation's First Urban Park*, New York: Abrams, 2003.
- Susan Herrington, "The Nature of Ian McHarg's Science", *Landscape Journal* 29(1), 2010.
- Thomas Hedin, "Tessin in the Gardens of Versailles in 1687", *Konsthistorisk Tidskrift/Journal of Art History* 71(1–2), 2003.
- Thorbjörn Andersson, "From Paper to Park", in *Representing Landscape Architecture*, Marc Treib, ed., London and New York: Taylor & Francis, 2008.
- Timothy Davis, "The Bronx River Parkway and Photography as an Instrument of Landscape Reform", *Studies in the History of Gardens & Designed Landscapes* 27(2), 2007.
- Wallace, McHarg, Roberts, and Todd, "An Ecological Planning Study for Wilmington and Dover, Vermont", in *To Heal the Earth: Selected Writings of Ian L. McHarg*. Ian L. McHarg and Frederick Steiner, eds., Washington, DC: Island Press, 1998.
- Warren T. Byrd, Jr. and Susan S. Nelson, "On Drawing", *Landscape Architecture* 75(4), 1985.
- William Hogarth, *The Analysis of Beauty*, New Haven: Yale University Press, 1997.
- Yves Brunier, "Museumpark at Rotterdam", in *Yves Brunier: Landscape Architect*, Birkhäuser, 1996.
- E. H. 곰브리치, 차미례 (Cha Mi-Rye) 역, 『예술과 환영 : 회화적 재현

의 심리학적 연구』, 열화당, 2003.

• 나성진 (Na Sung-Jin), "파라메트릭 정원", 『환경과조경』 2019 년 1 월호, 2019.

• 배정한 (Pae Jeong-Hann), "현대 조경설계의 전략적 매체로서 다이어 그램에 관한 연구", 『한국조경학회지』 34(2), 2006.

• 우성백 (Woo Sung-Baek), 『전문 분야로서 조경의 명칭과 정체성 연구』, 서울대학교 석사 학위 논문, 2017.

• 이명준 (Lee Myeong-Jun), *A Historical Critique on 'Photo-fake' Digital Representation in Landscape Architectural Drawing*, 서울대학교 박사 학위 논문, 2017.

• 이명준 (Lee Myeong-Jun), "일제 식민지기 풍경 사진의 속내", 『환경 과조경』 2017 년 10 월호, 2017.

• 이명준 (Lee Myeong-Jun), "제임스 코너의 재현 이론과 실천 : 조경 드로잉의 특성과 역할", 『한국조경학회지』 45(4), 2017.

• 이명준 (Lee Myeong-Jun), "조경 설계에서 디지털 드로잉의 기능과 역할", 『한국조경학회지』 46(2), 2018.

• 이명준 (Lee Myeong-Jun), "포토페이크의 조건", 『환경과조경』 2013 년 7 월호, 2013.

• 이명준 • 배정한 (Lee Myeong-Jun, Pae Jeong-Hann), "18~19 세기 정원 예술에서 현대적 시각성의 등장과 반영 : 픽처레스크 미학과 험프리 렙 턴의 시각 매체를 중심으로", 『한국조경학회지』 43(2), 2015.

• 이명준 • 배정한 (Lee Myeong-Jun, Pae Jeong-Hann), "숭고의 개념에 기초한 포스트 인더스트리얼 공원의 미학적 해석", 『한국조경학회지』 40(4), 2012.

• 장용순 (Chang Yong-Soon), 『현대 건축의 철학적 모험 : 01 위상학』, 미메시스, 2010.

• 정욱주 (Jeong Wook-Ju)•제임스 코너, "프레쉬 킬스 공원 조경설계", 『한국조경학회지』 33(1), 2005.

• 조경진 (Zoh Kyung-Jin), "환경설계방법으로서의 맵핑에 관한 연구", 『공공디자인학연구』 1(2), 2006.

• 찰스 왈드하임, 배정한 • 심지수 역 (Pae Jeong-Hann, Sim Ji-Soo), 『경 관이 만드는 도시 : 랜드스케이프 어바니즘의 이론과 실천』, 도서출판

한숲, 2018.

• 황기원 (Hwang Kee-Won), 『경관의 해석 : 그 아름다움의 앎』, 서울대 학교 출판문화원, 2011.

插图来源

第 1 章

图 1–1 Digital Collections, University of Wisconsin-Madison Libraries (http://digital. library.wisc.edu/1711.dl/DLDecArts.ReptonSketches)

图 1–3 Erik de Jong, *Landscapes of the Imagination*, Rotterdam: NAi publishers, 2008, p.9.

图 1–5 Charles Waldheim and Andrea Hansen, eds., *Composite Landscapes*, Germany: Hatje Cantz Publishers, 2014, p.197.

第 2 章

图 2–1 Magnus Piper via Wikimedia Commons

(https://en.wikipedia.org/wiki/Fredrik_Magnus_Piper#/media/File:Pipers_generalplan_Hagaperken_1781.jpg)

图 2–2 Matteo Vercelloni, Virgilio Vercelloni, and Paola Gallo, *Inventing the Garden*, Los Angeles: Getty Publications, 2010, p.151.

图 2–3 Artdone in galeria gallery, "Rajskie ogrody wiata – galeria I"(https://www.gardenvisit.com/history_theory/library_online_ebooks/ml_gothein_history_garden_art_design/small_egyptian_gardens).

第 3 章

图 3–1 Raffaella Fabiani Giannetto, *Medici Gardens: From Making to Design*, Philadelphia: University of Pennsylvania Press, 2008, p.151.

图 3–2 https://en.wikipedia.org/wiki/Giusto_Utens#/media/File:Castello_utens.jpg

图 3–3、图 3–6 http://collection.nationalmuseum.se

图 3–4 http://www.bibliotheque-institutdefrance.fr/

图 3–5 Google Earth

图 3–7 https://commons.wikimedia.org/wiki/File:Alphand_Buttes_Chaumont_Courbes_de_niveau.jpg

图 3–8 Laurie Olin, "Drawing at Work: Working Drawings, Construction Documents", in *Representing Landscape Architecture*, ed. Marc Treib, London: Taylor & Francis, 2008, p.145.

第 4 章

图 4–2 Susan Weber, ed., *William Kent: Designing Georgian Britain*, New Haven: Yale University Press, 2013, p.397.

图 4–3 Susan Weber, ed., *William Kent: Designing Georgian Britain*, New Haven: Yale University Press, 2013, p.377.

图 4–4 https://www.nationaltrustimages.org.uk/image/781548

图 4–5 André Rogger, *Landscapes of Taste: The Art of Humphry Repton's Red Books*, London: Routledge, 2007, p.54.

图 4–6. © Mark Treib/via Wikimedia Commons(https://en.wikipedia.org/wiki/Panorama#/media/File:Panorama_of_London_Barker.jpg)

图 4–7 André Rogger, *Landscapes of Taste: The Art of Humphry Repton's Red Books*, London: Routledge, 2007, p.162.

图 4–8 https://archive.org/details/mobot31753002820014/page/90/mode/2up?q=oporto

第 5 章

图 5–1 Morrison H. Heckscher, *Creating Central Park*, New York: The Metropolitan Musum of Art, 2008, pp.26–27.

图 5–2 Morrison H. Heckscher, *Creating Central Park*, New York: The Metropolitan Musum of Art, 2008, p.34.

图 5–3 Morrison H. Heckscher, *Creating Central Park*, New York: The Metropolitan Musum of Art, 2008, p.32.

图 5–4 Morrison H. Heckscher, *Creating Central Park*, New York: The Metropolitan Musum of Art, 2008, p.33.

图 5–5 http://www.getty.edu/art/collection/objects/61095/roger-fentonzoological-gardens-regents-park-the-duck-pond-english-1858/

图 5–6 https://archive.org/stream/annualreportofbo00newy_10#page/n87/mode/2up

图 5-7 Morrison H. Heckscher, *Creating Central Park*, New York: The Metropolitan Musum of Art, 2008, p.40.

图 5-8 Morrison H. Heckscher, *Creating Central Park*, New York: The Metropolitan Musum of Art, 2008, p.26.

图 5-9 http://www.olmsted.org/us-capitol-grounds-washington-dc

第 6 章

图 6-1 Julia Czerniak and George Hargreaves, eds., 배정한 (Pae, Jeong-Hann)+idla 역,『라지 파크』, 도서출판 조경, 2010, p.124.

图 6-2 https://www.mathurdacunha.com/soak

图 6-3、图 6-4 Frederick Law Olmsted, Frederick Law Olmsted Papers: Subject File, 1857-1952; Public Buildings; Washington, DC, United States Capitol; Drawings, Manuscript/Mixed Material, Library of Congress(https://www.loc.gov/item/mss351210421/).

图 6-5、图 6-6、图 6-9 UC Berkeley, Environmental Design Archives Garrett Eckbo Collection, 1933–1990, Online Archive of Cliforia (http://www.oac.cdlib.org/view?docId=tf4290044c;developer=local;style=oac4;doc.view=items).

图 6-7 Dorothée Imbert, "Skewed Realities: The Garden and the Axonometric Drawing", in *Representing Landscape Architecture*, Marc Treib, ed., London: Taylor & Francis 2008, p.137.

图 6-8 Julia Czerniak and George Hargreaves, eds., 배정한 (Pae Jeong-Hann)+idla 역,『라지 파크』, 도서출판 조경, 2010, p.126.

图 6-10 Margot Lystra, "McHarg's Entropy, Halprin's Chance", *Studies in the History of Gardens & Designed Landscapes*, 34(1), 2014, p.78.

图 6-11 Julia Czerniak and George Hargreaves, eds., 배정한 (Pae Jeong-Hann)+idla 역,『라지 파크』, 도서출판 조경, 2010, p.41.

第 7 章

图 7-1 Laurie Olin, "More than Wriggling Your Wrist (or Your Mouse): Thinking, Seeing, and Drawing", in *Drawing/Thinking: Confronting an Electronic Age*, Marc Treib, ed., London: Routledge, 2008, p.89.

图 7-2 Nadia Amoroso, ed., *Representing Landscapes: Hybrid*, London: Routledge, 2016, p.8.

图 7-3 https://news.mit.edu/2019/25-ways-mit-has-transformed-computing-0225

图 7-4 James L. Sipes, A. Paul James, and John Mack Roberts, "Digital Details: Tired of Redrawing the Same Old Construction Details? Consider CAD Detail System", *Landscape Architecture* 86(8), 1996, p.40.

图 7-5 Richard Weller and Meghan Talarowski, *Transects: 100 Years of Landscape Architecture and Regional Planning at the School of Design of the University of Pennsylvania*, Applied Research & Design Publishing, 2014, p.90.

图 7-6 Nick Chrisman, *Charting the Unknown: How Computer Mapping at Harvard Became GIS, Redlands*, CA: ESRI Press, 2006, p.27.

第 8 章

图 8-1 http://map.ngii.go.kr/ms/map/nlipCASImgMap.do

图 8-2 https://commons.wikimedia.org/wiki/File:Nadar,_Aerial_view_of_Paris,_1868.jpg

图 8-3 https://commons.wikimedia.org/wiki/File:Jacques_Charles_Luftschiff.jpg

图 8-4 Ian McHarg, *Design with Nature*, New York: Naturd History Press, 1969, pp.129–145.

图 8-5 Carl Steinitz, Paul Parker and Lawrie Jordan, "Hand-drawn Overlays: Their History and Prospective Uses", *Landscape Architeture* 66, p.447.

图 8-6 Julia Czerniak and George Hargreaves 편, 배정한 (Pae Jeong-Hann)+idla 역,『라지 파크 : 공원 디자인의 새로운 경향과 쟁점』, 도서출판 조경, 2010, p.114.

图 8-7 James Corner and Alex S. MacLean, *Taking Measures Across the American Landscape*, New Haven and London: Yale University Press, 1996, p.83.

第 9 章

图 9-1 Charles Waldheim and Andrea Hansen, eds., Composite Landscapes: *Photomontage and Landscape Architecture*, Ostfildern: Hatje Cantz Verlag, 2014, p.159.

图 9-2 Charles Waldheim and Andrea Hansen, eds., Composite Landscapes: *Photomontage and Landscape Architecture*, Ostfildern: Hatje Cantz Verlag, 2014, p.160.

图 9-3 Charles Waldheim and Andrea Hansen, eds., *Composite Landscapes: Photomontage and Landscape Architecture*, Ostfildern: Hatje Cantz Verlag, 2014, p.110.

图 9-4 Udo Weilacher, *Between Landscape Architecture and Land Art*, Basel: Birkhäuser, 1999, p.215.

图 9-5 Dieter Kienast, *Kienast Vogt: Open Spaces*, Basel: Birkhäuser, 2000, p.153.

图 9-6 James Corner and Alex S. MacLean, *Taking Measures Across the American Landscape*, New Haven: Yale University Press, 1996, p.90.

图 9-7 Julia Czerniak, ed., *CASE: Downsview Park Toronto*, Munich: Prestel Verlag, 2001, p.61.

第 10 章

图 10-1 https://www.youtube.com/watch?v=nQ2geeXMThI

图 10-2. https://commons.wikimedia.org/wiki/File:Outdoor_Life_and_Sport_in_Central_Park,_N.Y,_from_Robert_N._Dennis_collection_of_stereoscopic_views.jpg

图 10-7 http://gallica.bnf.fr/ark:/12148/btv1b59732911

图 10-8 André Rogger, *Landscapes of Taste: The Art of Humphry Repton's Red Books*, London: Routledge, 2007, p.80.

图 10-9、图 10-10 André Rogger, *Landscapes of Taste: The Art of Humphry Repton's Red Books*, London: Routledge, 2007, p.83.

图 10-11 https://www.youtube.com/watch?v=_Lmx8dwk34U

第 11 章

图 11-1 Jane Amidon ed., *Moving Horizons: The Landscape Architecture of Kathryn Gustafson and Partners*, Basel: Birkhäuser, 2005, p.35.

图 11-2 Jane Amidon ed., *Moving Horizons: The Landscape Architecture of Kathryn Gustafson and Partners*, Basel: Birkhäuser, 2005, p.34.

图 11-3 Karen M'Closkey, *Unearthed: The Landscapes of Hargreaves Associates*, Philadelphia: University of Pennsylvania Press, 2013, p.14.

图 11-4 Karen M'Closkey, *Unearthed: The Landscapes of Hargreaves Associates*, Philadelphia: University of Pennsylvania Press, 2013, p.14.

图 11-5 Luca Molinari ed., *West 8*, Milano: Skira Architecture Library, 2000, p.109.

图 11-6 Fanny Smelik, Chidi Onwuka, Daphne Schuit, Victor J. Joseph and D'Laine Camp eds., Mosaics *West 8*, Basel: Birkhäuser, 2008, p.51.

图 11-7 Karen M'Closkey, "Structuring Relations: From Montage to Model in Composite Imaging", in *Composite Landscapes: Photomontage and Landscape Architecture*, Charles Waldhein and Andrea Hansen eds., Ostfildorn: Hatje clantz Verlag, 2014, p.126.

图 11-8 http://parkkim.net/?p=1016

图 11-9 Jillian Walliss and Heike Rahmann, *Landscape Architecture and Digital Technologies: Re-conceptualising Design and Making*, London: Routledge, 2016, p.21.

图 11-10 ~图 11-12 http://www.gp-b.com/diana-princess-of-wales-memorial

图 11-13 ~图 11-15 http://festival.seoul.go.kr/garden/introduce/2018introduce

其余图片由作者提供。